W0261153

W. Schaufelberger · J. Weiler

Grundzüge der Elektrotechnik für Maschinenbauer

Grundlagen, Energietechnik, Elektronik, Meßtechnik

Mit 236 Abbildungen

Springer-Verlag Berlin Heidelberg New York 1979

Prof. Dr. Walter Schaufelberger
Dr. Jean Weiler

Institut für Automatik und Industrielle Elektronik
Eidgenössische Technische Hochschule Zürich

CIP-Kurztitelaufnahme der Deutschen Bibliothek
Schaufelberger, Walter:
Grundzüge der Elektrotechnik für Maschinenbauer:
Grundlagen, Energietechnik, Elektronik, Meßtechnik/ W. Schaufelberger; J. Weiler. – Berlin, Heidelberg, New York: Springer 1979.

ISBN-13: 978-3-540-09178-3 e-ISBN-13: 978-3-642-93113-0
DOI: 10.1007/978-3-642-93113-0

Gesamtherstellung: Graph. Betrieb Konrad Triltsch, Würzburg
2362/3020 – 543210

Vorwort

Die vorliegende Einführung in die Grundzüge der Elektrotechnik entstand aus der Vorlesung, welche die beiden Autoren seit 1973 gemeinsam an der Abteilung für Maschineningenieurwesen der Eidgenössischen Technischen Hochschule Zürich halten. Der enge zeitliche Rahmen von lediglich zwei Wochenstunden, je im 4. und 5. Semester, verbunden mit der Verpflichtung, dem Maschinenbauer ein genügendes Rüstzeug für den Verkehr mit dem Elektroingenieur und für die selbständige Lösung einfacherer elektrotechnischer Probleme mitzugeben, waren wegleitend bei der Stoffauswahl.

Der Kurs hat als erste Prämisse eine genügende Kenntnis der allgemeinen Physik, der Mechanik und der Ingenieurmathematik, so daß auf grundlegende physikalische Phänomene und mathematische Methoden nicht mehr eingegangen werden muß. Ein weiteres Auswahlkriterium entstand aus der Überzeugung der Autoren, den Hörern in erster Linie praktisch anwendbare Kenntnisse zu vermitteln, die auch den Einstieg in weiterführende Literatur gestatten. Zugleich soll damit auch die unterschwellig häufig vorhandene Angst vor der Elektrotechnik abgebaut werden.

Die ersten beiden Buchteile, „Grundlagen“ und „Energietechnik“, entsprechen in etwa der klassischen Elektrotechnik. Im Teil „Energietechnik“ werden aber bereits die heute üblichen Verfahren der Leistungselektronik gleichberechtigt mit den klassischen Methoden behandelt. Ältere Verfahren, welche in neuen Anlagen nicht mehr zum Zuge kommen, wurden grundsätzlich im Sinne einer Entlastung weggelassen.

Die Buchteile „Elektronik“ und „Elektrische Meßtechnik“, welche wohl die Hauptanwendungsfelder für Maschinenbauer beinhalten, wurden konsequent auf die Anwenderbedürfnisse zugeschnitten. So wird die analoge elektronische Schaltungstechnik auf dem Operationsverstärker als wohl vielseitigstem Bauelement aufgebaut. Der Transistor, dessen physikalisches Modell ja für die meisten Anwender irrelevant ist, wird erst im Anschluß an den Operationsverstärker und lediglich für einige spezielle Anwendungen behandelt. Auch die digitale Schaltungstechnik baut konsequent auf Funktionseinheiten auf, so wie sie dem Anwender heute als integrierte Schaltungen zur Verfügung stehen. Im Teil „Meßtechnik“ werden klassische und elektronische Verfahren praktisch gleichberechtigt behandelt, wobei das Schwergewicht wiederum auf die Kenntnis der grundlegenden Prinzipien und die daraus resultierende Anwendungssicherheit gelegt wurde. Auf eine Behandlung der Messung nichtelektrischer Größen wurde, um Vorlesungsduplizität zu vermeiden, vollständig verzichtet.

Die Autoren sind sich bewußt, daß sie in sehr starkem Maße „Mut zur Lükke" beweisen mußten, wobei die Lücken hoffentlich mehr die Stoffauswahl betreffen als die Fundiertheit des vermittelten Stoffes. Sie glauben jedoch, mit dem vorliegenden Stoff dem Maschinenbauer ein genügendes Rüstzeug für die Behandlung elektrotechnischer Probleme vermitteln zu können.

Abschließend möchten die beiden Autoren noch Frau M. Probst und Frau M. Tamp für die Niederschrift der Originalmanuskripte sowie dem Springer-Verlag für die sorgfältige Betreuung der Herstellungsarbeiten und die zweckmäßige Ausstattung des Buches herzlich danken. Ein weiterer Dank gebührt den Kollegen und Mitarbeitern sowie, in besonderem Maße, den gegen eintausend Studenten, welche die zugrunde liegende Vorlesung bis heute besucht haben. Durch ihre Kritik und Anregungen haben sie Wesentliches zum Entstehen dieses Buches beigetragen.

Zürich, im Februar 1979 W. Schaufelberger J. Weiler

Inhaltsverzeichnis

A Grundlagen

1 Mechanische Analogien

Im Teil A dieses Buches sollen elektrische Netzwerke untersucht werden. Da dazu zahlreiche Begriffe eingeführt werden müssen und die ganze Ableitung dadurch sehr unübersichtlich werden kann, soll zunächst der Begriff „Netzwerk" allgemein diskutiert werden. Da die weitgehend bekannten mechanischen Netzwerke prinzipiell gleich aufgebaut sind wie die elektrischen und vergleichbaren Gesetzen gehorchen, sollen jene zuerst behandelt werden. Mit den grundlegenden Erkenntnissen, die wir dabei über Netzwerke gewinnen können, läßt sich die Theorie der elektrischen Netzwerke nachher auf einfache Weise entwickeln.

Ein einfaches mechanisches Netzwerk ist das bekannte Feder-Masse-System (Bild 1.1) mit der

Gleichgewichtslage

$$mg = F_0 = c\Delta,$$

der allgemeinen Lage

$$R = mg - F = mg - cx = mg - c(\Delta + y) = -cy$$

und der Bewegungsdifferentialgleichung

$$m\ddot{x} = mg - cx$$

oder

$$m\ddot{y} = -cy.$$

Sie zeigt, daß der Massenpunkt eine sinusförmige Schwingung ausführt.

Bei der Behandlung dieser Aufgabe kommen verschiedenartige Begriffe vor:

- Größen, z.B. Kräfte oder Lagekoordinaten (können mit Meßgeräten direkt ermittelt werden);
- Elemente, z.B. Feder: $F = cx = c(y + \Delta)$ oder Masse: $B = mv$ (B: Impuls; $v = \mathrm{d}x/\mathrm{d}t$: Geschwindigkeit);
- allgemeine Gesetze, z.B. Prinzip von d'Alembert oder Gesetz der Addition von Geschwindigkeiten.

Mit diesen drei Begriffen läßt sich die Netzwerktheorie aufbauen.

Im folgenden soll eine allgemeine Darstellung für eindimensionale mechanische Translationssysteme angegeben werden.

Größen

Es werden drei Arten von Größen verwendet:

- Nullpunktgrößen: ortsunabhängig;
- Einpunktgrößen: zur Angabe oder idealen Messung genügt ein Punkt im Raum;

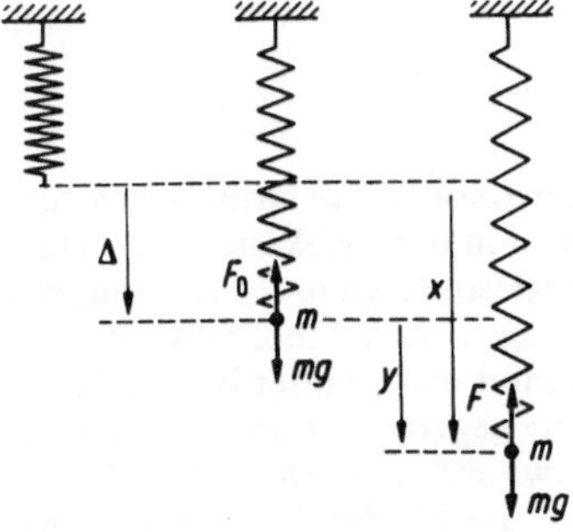

Bild 1.1. Feder-Masse-System

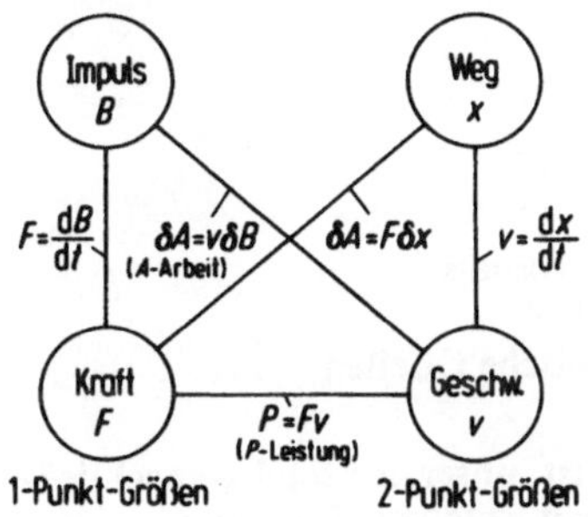

Bild 1.2. Größen der Mechanik

– Zweipunktgrößen: Zwei Punkte im Raum genügen zur Angabe oder idealen Messung.

Für eindimensionale mechanische Translationssysteme werden die folgenden Größen verwendet:

Nullpunktgröße: Zeit t;

Einpunktgrößen: Kraft F, Impuls B ($F = \mathrm{d}B/\mathrm{d}t$);

Zweipunktgrößen: Weg (Lagekoordinate) x, Geschwindigkeit v ($v = \mathrm{d}x/\mathrm{d}t$).

Die Zusammenhänge sind in Bild 1.2 übersichtlich dargestellt. Dabei bezeichnet δ einen kleinen Zuwachs.

Elemente

Die einfachsten Elemente werden als Proportionalitätsfaktoren zwischen Einpunkt- und Zweipunktgrößen definiert.

Feder: $F = cx, \quad \frac{\mathrm{d}F}{\mathrm{d}t} = cv$

Masse: $B = mv, \quad F = m\,\frac{\mathrm{d}v}{\mathrm{d}t}$

Reibung: $F = rv$

(c: Federkonstante, m: Masse, r: Reibungskonstante).

In Bild 1.3 sind die Netzwerkelemente dargestellt.

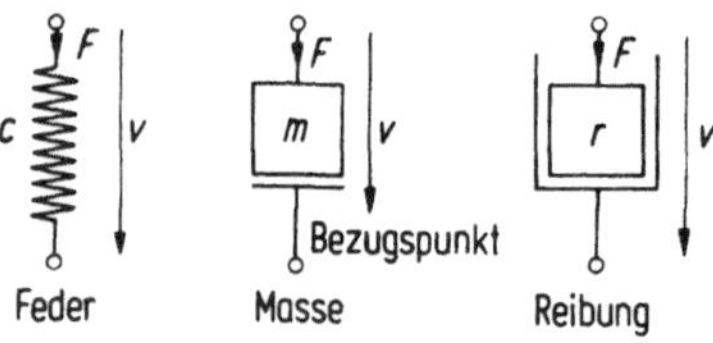

Bild 1.3. Mechanische Netzwerkelemente

Zudem existieren noch als Quellen für die Größen v,F die Kraftquelle und die Geschwindigkeitsquelle (Bild 1.4).

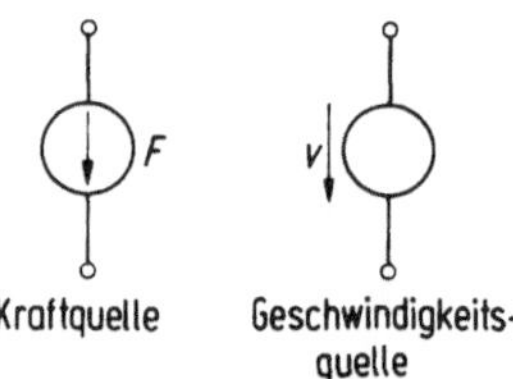

Bild 1.4. Mechanische Quellen

In Bild 1.5 ist unser Beispiel (einschließlich Reibung) mit solchen Elementen dargestellt.

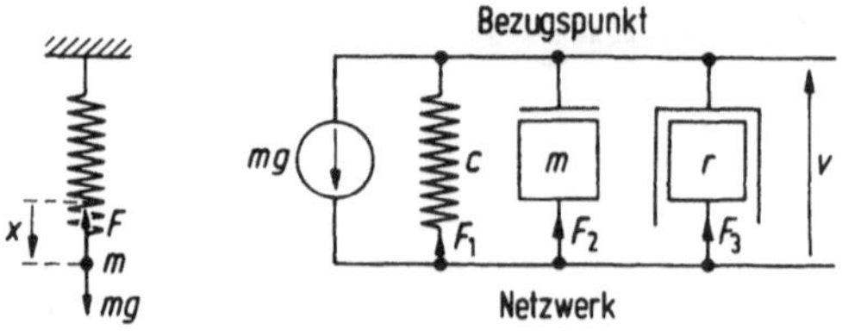

Bild 1.5. Mechanisches Netzwerk

Die gewählten Pfeilrichtungen ergeben dabei positive Leistungen in den passiven Elementen.

Für das Aufstellen der Netzwerkgleichungen braucht man nun noch

Allgemeine Gesetze

Satz von d' Alembert (Knotenregel): Die Summe aller Kräfte, die an einem Massenpunkt angreifen (inklusive Trägheitskraft), ist gleich null. Anwendung im Beispiel:

$$mg = m\ddot{x} + r\dot{x} + cx.$$

Das zweite allgemeine Netzwerkgesetz, die Maschenregel, besagt, daß die Summe der Geschwindigkeiten entlang einer geschlossenen Schleife gleich null sein muß.

Die Theorie der elektrischen Netzwerke ist nun genau gleich aufgebaut wie die Theorie der mechanischen Netzwerke. Wir werden wieder die drei Begriffe Größen, Elemente, allgemeine Gesetze benützen und wollen sie, wie in der Mechanik, zunächst auf ideale Netzwerke anwenden. Erst anschließend wird auf reale Netzwerke übergegangen.

2 Größen, Elemente und allgemeine Gesetze der Elektrotechnik

2.1 Einleitung

In diesem Abschnitt sollen die Grundlagen für die Behandlung von idealen elektrischen Netzwerken zusammengestellt werden. Auf physikalische Begründungen wird dabei bewußt verzichtet. Diese werden erst bei der Behandlung der realen Elemente gegeben. Es soll aber schon hier darauf hingewiesen werden, daß es reale Elemente gibt, die die idealen Elemente in einem weiten Bereich gut annähern.

2.2 Die Größen der Elektrotechnik

Das Größensystem der Elektrotechnik ist genau gleich dem der Mechanik aufgebaut. Auch hier unterscheidet man Nullpunkt-, Einpunkt- und Zweipunktgrößen, die in Bild 2.1 und Tabelle 2.1 zusammengestellt sind.

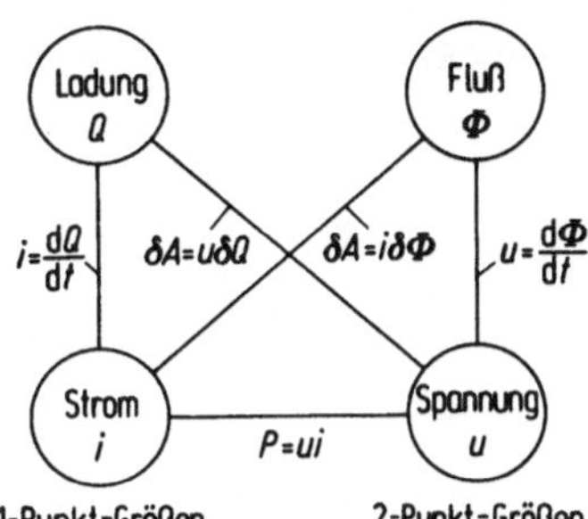

Bild 2.1. Größen der Elektrotechnik

Tabelle 2.1. Größen der Elektrotechnik

Größe Name	Zeichen	Einheit Name	Zeichen	Beziehung
Ladung	Q	Coulomb	C	1C = 1As
Strom	i	Ampere	A	
Fluß	Φ	Weber	Wb	1 Wb = 1Vs
Spannung	u	Volt	V	
Leistung	P	Watt	W	1W = 1VA
Arbeit	A	Joule	J	1J = 1Ws
Zeit	t	Sekunde	s	

Die Zusammenhänge zwischen elektrischen und mechanischen Größen werden in der Physik behandelt. Eine ausführliche Tabelle findet sich im Teil D dieses Buches.

2.3 Ideale Quellen und ideale Elemente

Da die in der Elektrotechnik vorkommenden Quellen und Elemente durch das Verhalten von Einpunkt- und Zweipunktgrößen beschrieben werden, werden ihre Symbole mit zwei Anschlüssen (Klemmen) gezeichnet. Man benützt Strom- und Spannungsquellen und drei Grundelemente.

Ideale Quellen

Quellen geben Leistung ab. Es wird vereinbart, daß bei elektrischen Quellen Strom und Spannung entgegengesetzte Richtung haben sollen.

$i(t)$ $u(t)$ $P(t) = -u(t)\,i(t)$

Bild 2.2. Spannungsquelle

Spannungsquellen (Bild 2.2) liefern zwischen ihren Anschlüssen völlig unabhängig vom momentanen Betriebszustand eine im allgemeinen zeitabhängige, vorgegebene Spannung $u(t)$. Der Strom $i(t)$ wird durch das angeschlossene Netzwerk bestimmt.

$i(t)$ $u(t)$ $P(t) = -u(t)\,i(t)$

Bild 2.3 Stromquelle

Stromquellen (Bild 2.3) liefern in die Anschlüsse völlig unabhängig vom momentanen Betriebszustand einen im allgemeinen zeitabhängigen, vorgegebenen Strom $i(t)$. Die Spannung $u(t)$ wird durch das angeschlossene Netzwerk bestimmt.

Ideale passive Elemente

Die idealen Elemente stellen Proportionalitätsfaktoren zwischen Einpunkt- und Zweipunktgrößen dar. Passive Elemente nehmen Leistung auf. Es wird vereinbart, daß in diesem Falle Spannung und Strom im Element die gleiche Richtung haben sollen (Bild 2.4).

Widerstand R

Definition: $u = Ri$

Einheit: Ω (Ohm), $1\,\Omega = 1\,\frac{\text{V}}{\text{A}}$

Kapazität C

Definition: $Q = Cu$

Ableitung: $i = C\frac{\mathrm{d}u}{\mathrm{d}t}$

Einheit: F (Farad), $1\,\text{F} = 1\,\frac{\text{As}}{\text{V}}$

Induktivität L

Definition: $\Phi = Li$

Ableitung: $u = L\frac{\mathrm{d}i}{\mathrm{d}t}$

Einheit: H (Henry), $1\,\text{H} = 1\,\frac{\text{Vs}}{\text{A}}$

Bild 2.4. Ideale passive Elemente

2.4 Allgemeine Gesetze

Wenn Elemente zusammengeschaltet werden, entstehen Netzwerke, wie z.B. Bild 2.5 zeigt.

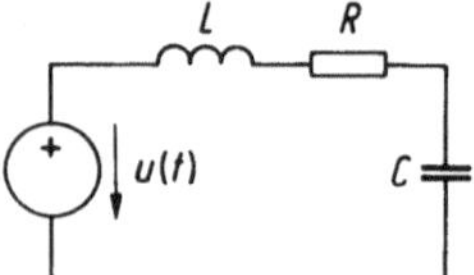

Bild 2.5. Elektrisches Netzwerk

Bei der Untersuchung interessiert man sich für das Verhalten der Größen im Netzwerk. Damit Aussagen gemacht werden können, muß das Verhalten der Größen an den Verbindungsstellen bekannt sein. Die beiden Kirchhoffschen Sätze liefern als allgemeine Gesetze der Elektrotechnik die benötigten Angaben.

Die beiden Sätze basieren darauf, daß beim Zusammenschalten Knoten und Maschen entstehen. Ein Knoten ist ein Punkt, an dem mehrere Elemente zusammengeschaltet werden (Bild 2.6). Eine Masche ist irgend ein geschlossener Weg in einem Netzwerk (Bild 2.7).

Bild 2.6. Elektrischer Knoten

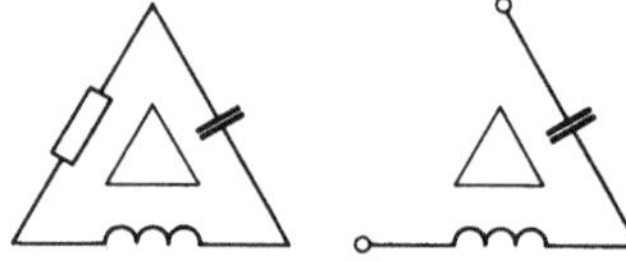

Bild 2.7. Elektrische Maschen

Knotenregel (1. Kirchhoffsches Gesetz, Bild 2.8): Die algebraische Summe aller in einen Knoten fließenden Ströme ist gleich null.

„Algebraisch" bedeutet dabei „unter Berücksichtigung des Richtungssinnes". Die Richtungen der Ströme werden bei den Netzwerkuntersuchungen im allgemeinen zunächst willkürlich angenommen. Wenn dann bei der Berechnung negative Werte auftreten, dann stimmt die wirkliche Richtung nicht mit der angenommenen überein.

Maschenregel (2. Kirchhoffsches Gesetz, Bild 2.9): Die algebraische Summe aller Spannungen entlang eines geschlossenen Weges (Masche) ist gleich null.

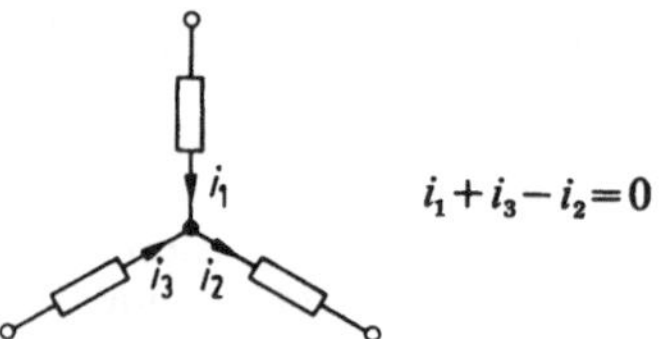

Bild 2.8. Knotenregel für Ströme

Auch hier werden die Richtungen zu Beginn der Untersuchung oft willkürlich angenommen.

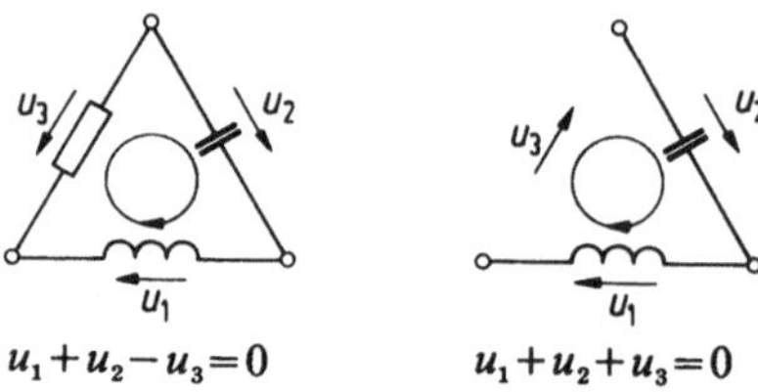

Bild 2.9. Maschenregel für Spannungen

Mit den Knoten- und Maschenregeln werden Netzwerkuntersuchungen relativ einfach. Die Regeln lassen sich aus dem Energieerhaltungssatz herleiten und sind diesem äquivalent. Damit können also Netzwerke untersucht werden, ohne daß auf die Energie zurückgegriffen werden muß. Der Energieerhaltungssatz ist automatisch erfüllt.

3 Widerstandsnetzwerke bei Gleichstrom

3.1 Grundlagen

Die Widerstandsnetzwerke bestehen nur aus Quellen und Widerständen. Sie stellen den einfachsten Fall elektrischer Netzwerke dar. Es ergeben sich rein algebraische Gleichungen und noch nicht Differentialgleichungen, wie sie im allgemeinen Fall später auftreten.

Es sollen die Quellen und das Element aus Bild 3.1 vorkommen.

3.2 Beispiele

Einige einfache Beispiele sollen zeigen, wie Widerstandsnetzwerke untersucht werden. Die Resultate werden zum Teil später wiederverwendet.

Spannungsquelle und Widerstand (Bild 3.2).
Gegeben: u_0, gesucht: i.

Spannungsquelle (Batterie)
$u(t) = u_0 = \text{const}$

Stromquelle
$i(t) = i_0 = \text{const}$

Widerstand
$u = Ri,$
$P = ui = Ri^2 = \frac{u^2}{R}.$

Bild 3.1. Elemente der Widerstandsnetzwerke

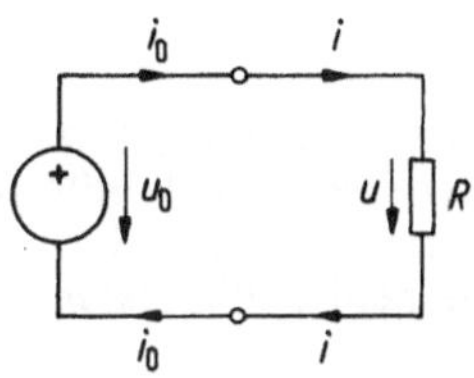

Bild 3.2. Spannungsquelle und Widerstand

Gleichungen

Knotenregel: $i_0 - i = 0 \rightarrow i = i_0,$

Maschenregel: $u - u_0 = 0 \rightarrow u = u_0,$

Element: $u = Ri.$

Auflösung: $i = \frac{u}{R} = \frac{u_0}{R}; \quad i_0 = \frac{u_0}{R}.$

Darstellung:

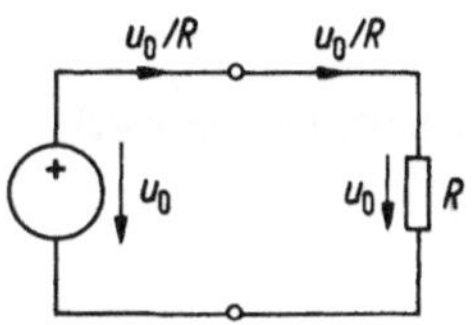

Bild 3.3. Spannungen und Ströme

Kontrolle der Energieerhaltung:

$$P_{\text{Quelle}} = -\frac{u_0^2}{R}, \quad P_{\text{Widerstand}} = \frac{u_0^2}{R},$$

$$P_Q + P_R = 0$$

ist erfüllt.

Spannungsteiler (Bild 3.4)

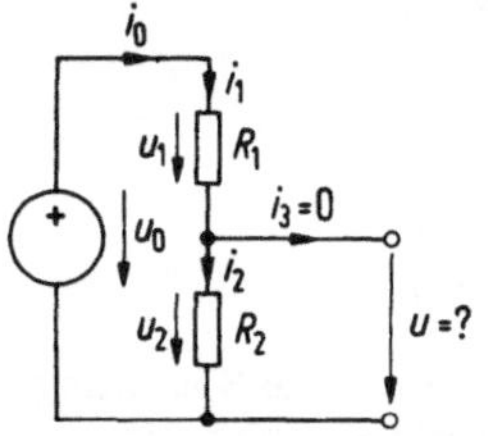

Bild 3.4. Spannungsteiler

Gleichungen

Knotenregel: $i_1 = i_0; \; i_1 = i_2,$

Maschenregel: $u_1 + u_2 = u_0; \; u = u_2,$

Elemente: $u_1 = R_1 i_1; \; u_2 = R_2 i_2.$

Auflösung:

$$u_0 = u_1 + u_2 = R_1 i_1 + R_2 i_2 = (R_1 + R_2) i_1,$$

$$u = u_2 = R_2 i_2 = R_2 i_1 = R_2 \frac{u_0}{R_1 + R_2},$$

$$u = u_0 \frac{R_2}{R_1 + R_2}.$$

Knotenregel, Maschenregel und Elementdefinitionen können im allgemeinen mehr Gleichungen ergeben, als man für die Lösung der Aufgabe benötigt. Die spezielle Technik zum Aufstellen der richtigen Zahl von Gleichungen (Graphentheorie) soll hier aber nicht besprochen werden. Einfache Probleme lassen sich durch Probieren gut lösen.

Summationsstufe (Bild 3.5)

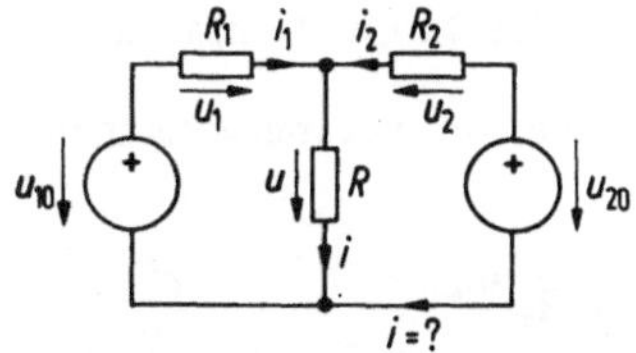

Bild 3.5. Summationsstufe

Gleichungen

Knotenregel: $i = i_1 + i_2,$

Maschenregel: $u_{10} = u + u_1, \; u_{20} = u + u_2,$

Elemente: $u_1 = R_1 i_1; \; u_2 = R_2 i_2; \; u = Ri.$

Auflösung:

$$u_{10} = u + u_1 = R(i_1 + i_2) + R_1 i_1$$

$$u_{20} = u + u_2 = R(i_1 + i_2) + R_2 i_2,$$

$$\begin{pmatrix} R + R_1 & R \\ R & R + R_2 \end{pmatrix} \begin{pmatrix} i_1 \\ i_2 \end{pmatrix} = \begin{pmatrix} u_{10} \\ u_{20} \end{pmatrix},$$

$$i_1=\frac{u_{10}(R+R_2)-u_{20}R}{(R+R_1)(R+R_2)-R^2},$$

$$i_2=\frac{u_{20}(R+R_1)-u_{10}R}{(R+R_1)(R+R_2)-R^2},$$

$$i=i_1+i_2=\frac{u_{10}R_2+u_{20}R_1}{(R+R_1)(R+R_2)-R^2},$$

Der Strom i und damit auch die Spannung u werden linear von u_{10} und u_{20} abhängig.

Da alle Zusammenhänge linear sind, kann die Lösung auch mit dem Überlagerungssatz gefunden werden. Dabei wird zuerst die eine und dann die andere Spannungsquelle durch eine Spannungsquelle mit dem Wert null ersetzt. Da jede Spannungsquelle einen Strom führt, der nur durch das äußere Netzwerk gegeben ist, entspricht einer Quelle mit dem Wert null ein Kurzschluß (leistungslose Spannungsquelle).

Die Aufgabe kann also durch Unterteilen in die beiden Aufgaben von Bild 3.6 überführt werden.

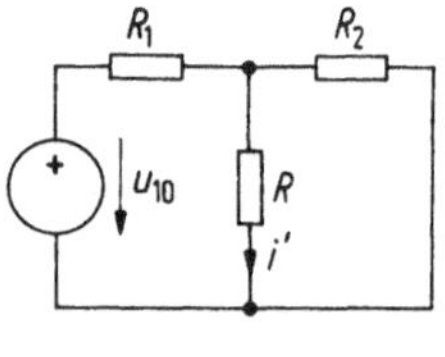

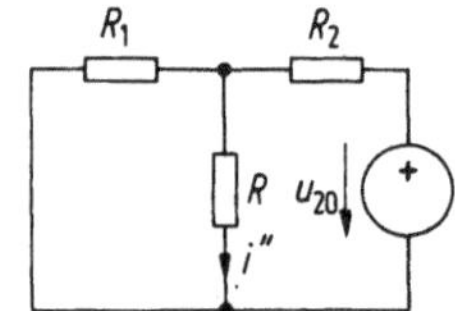

Bild 3.6. Unterteilung der Summationsaufgabe

Man berechnet wie im vorangegangenen Beispiel

$$i'=\frac{R_2}{RR_2+RR_1+R_1R_2}u_{10},$$

$$i''=\frac{R_1}{RR_2+RR_1+R_1R_2}u_{20}$$

und die Überlagerung

$$i=i'+i''=\frac{u_{10}R_2+u_{20}R_1}{RR_1+RR_2+R_1R_2}$$

erhält also dasselbe Resultat wie vorher.

3.3 Parallel- und Serieschaltung von Widerständen

Parallel- und Serieschaltungen von Widerständen kommen in Netzwerken häufig vor. Man kann sie für das Erzeugen von Widerstandswerten aus Kombinationen von Widerständen oder beim Vereinfachen von Berechnungen benützen.

Parallelschaltung (Bild 3.7)

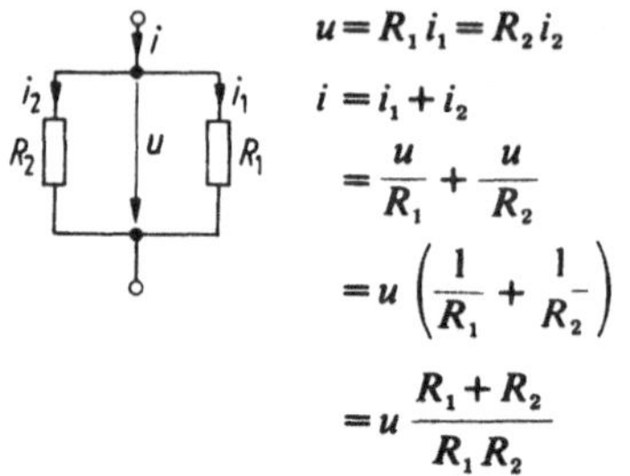

$$u=R_1i_1=R_2i_2$$

$$i=i_1+i_2=\frac{u}{R_1}+\frac{u}{R_2}=u\left(\frac{1}{R_1}+\frac{1}{R_2}\right)=u\,\frac{R_1+R_2}{R_1R_2}$$

Bild 3.7. Parallelschaltung von zwei Widerständen

Diese Beziehung wird auch von einem Ersatzwiderstand R erfüllt, falls dieser gemäß Bild 3.8 gewählt wird. Der Gesamtwiderstand ist kleiner als der kleinere der beiden Widerstände.

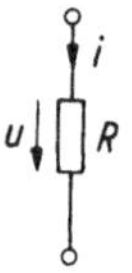

$$R=\frac{R_1R_2}{R_1+R_2}$$

Bild 3.8. Ersatzwiderstand für Parallelschaltung

Serieschaltung (Bild 3.9)

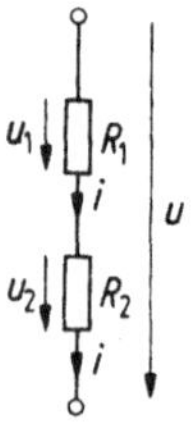

$$u=u_1+u_2=R_1i+R_2i=(R_1+R_2)i$$

Bild 3.9. Serieschaltung von zwei Widerständen

Ersatzschema (Bild 3.10)

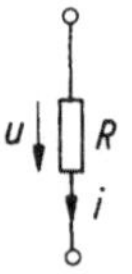

$$R=R_1+R_2$$

Bild 3.10. Ersatzwiderstand für Serieschaltung

Der Gesamtwiderstand ist gleich der Summe der beiden Widerstände.

4 Transiente und stationäre Vorgänge in einfachen Netzwerken

Allgemeine Netzwerke werden durch Differentialgleichungen beschrieben. Im vorliegenden Kapitel sollen einige einfache Netzwerke untersucht werden, um einen Einblick in das Verhalten von einfachen Netzwerken bei verschiedenen Quellenformen zu erhalten.

In den Netzwerken sollen die folgenden Quellen und Elemente vorkommen:

Quellen

Die Spannungsquelle (Bild 4.1) liefert eine vorgegebene Kurvenform $u(t)$. Die Beschreibung von $u(t)$ kann dabei z.B. durch ein Oszillogramm (Bild 4.2) oder durch eine Gleichung

$$u(t) = A\sin(\omega t + \varphi) + B$$

erfolgen. Später werden weitere Beschreibungsformen hinzukommen.

Bild 4.1. Spannungsquelle

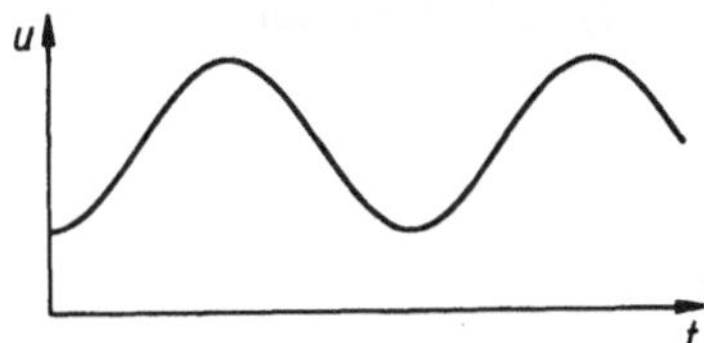

Bild 4.2. Oszillogramm

Es existieren Generatoren, mit denen zahlreiche Spannungsformen einfach erzeugt werden können.

Die Stromquelle (Bild 4.3) liefert eine vorgegebene Kurvenform $i(t)$.

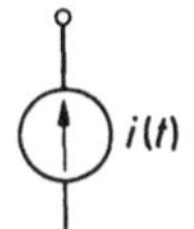

Bild 4.3. Stromquelle

Elemente **(Bild 4.4)**

Widerstand R

Definition : $u = Ri$; $u(t) = Ri(t)$,

Leistung: $P(t) = u(t)\,i(t) = Ri^2(t) = \dfrac{u^2(t)}{R}$.

Kapazität C

Definition: $Q = Cu$; $i = C\dfrac{du}{dt}$,

Energiespeicherung:

$$\delta A = u\delta Q = uC\delta u;\quad dA = Cu\,du,$$

$$W = A = \int dA = \int_0^U Cu\,du = C\frac{U^2}{2} = W_C.$$

Induktivität L

Definition: $\Phi = Li$; $u = L\dfrac{di}{dt}$,

Energiespeicherung:

$$\delta A = i\delta\Phi = iL\delta i;\quad dA = Li\,di,$$

$$W = A = \int dA = \int_0^I Li\,di = L\frac{I^2}{2} = W_L.$$

Bild 4.4. Elemente einfacher Netzwerke

Mit Kapazitäten und Induktivitäten können nur sehr kleine Energiemengen gespeichert werden.

4.1 Netzwerke mit Gleichspannungsquellen

R-L-Netzwerk

Widerstand und Induktivität an einer Gleichspannungsquelle (Bild 4.5)

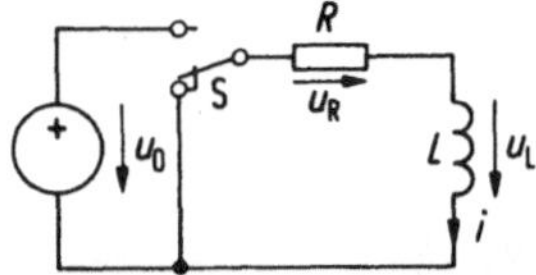

Bild 4.5. *R-L*-Netzwerk

Der Schalter S kann das Netzwerk an die Quelle schalten. Er soll zur Zeit $t = 0$ nach oben gelegt werden.

Dieses Netzwerk könnte z.B. das vereinfachte elektrische Ersatzschaltbild für die Wicklung eines Motors sein. Dabei interessiert der Strom $i(t)$, da er das Drehmoment erzeugt.

Gesucht ist der Strom $i(t)$ beim Einschalten. Differentialgleichung (aus Maschen- und Knotenregel):

$$u_0 = u_R + u_L = Ri + L\frac{di}{dt};\quad i(0) = 0,$$

$$\frac{di}{dt} = -\frac{R}{L}i + \frac{u_0}{L}$$

Der stationäre Wert des Stromes kann einfach berechnet werden:

aus $\mathrm{d}i/\mathrm{d}t = 0$ folgt

$$\frac{Ri}{L}=\frac{u_0}{L}, \quad i=\frac{u_0}{R}.$$

Dies ist eine spezielle Lösung der Differentialgleichung (partikuläres Integral). Dieser Strom würde immer fließen, wenn man im Netzwerk von Bild 4.5 die Induktivität durch einen Kurzschluß ersetzen würde.

Die homogene Differentialgleichung

$$\frac{\mathrm{d}i}{\mathrm{d}t}=-\frac{R}{L}i$$

beschreibt das System, wenn der Schalter S in der unteren Stellung liegt. Ihre Lösung (mit A: Integrationskonstante) lautet

$$i(t)=A\exp\left(-\frac{R}{L}t\right).$$

Kontrolle durch Ableiten!

$$\frac{\mathrm{d}i}{\mathrm{d}t}=-\frac{R}{L}A\exp\left(-\frac{R}{L}t\right)=-\frac{R}{L}i.$$

Durch Überlagerung erhält man die vollständige Lösung

$$i(t)=A\exp\left(-\frac{R}{L}t\right)+\frac{u_0}{R}.$$

Die Integrationskonstante bestimmt sich aus der Anfangsbedingung

$$i(0)=0=A+\frac{u_0}{R}$$

zu

$$A=-\frac{u_0}{R}.$$

Es resultiert also

$$i(t)=\frac{u_0}{R}\left(1-\exp\left(-\frac{R}{L}t\right)\right),$$

$$i(\infty)=\frac{u_0}{R}, \quad \frac{\mathrm{d}i}{\mathrm{d}t}(0)=\frac{u_0}{L}.$$

Die Lösung kann graphisch dargestellt werden (Bild 4.6).

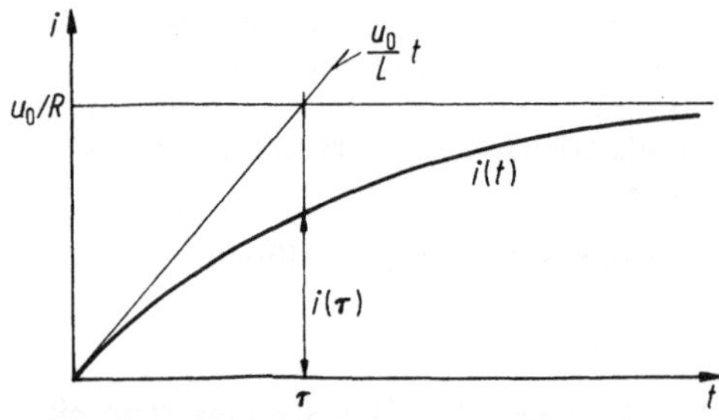

Bild 4.6. Verlauf des Stromes $i(t)$

Aus

$$\frac{\mathrm{d}i}{\mathrm{d}t}(0)=\frac{u_0}{L}$$

folgt

$$\frac{u_0}{L}=\frac{u_0}{R\tau}$$

und daraus

$$\tau=\frac{L}{R}.$$

Es gilt also

$$i(\tau)=\frac{u_0}{R}(1-\mathrm{e}^{-1})=0{,}632\frac{u_0}{R}.$$

Man bezeichnet τ als Zeitkonstante.

R-C-Netzwerk

Widerstand und Kapazität an einer Gleichspannungsquelle (Bild 4.7).

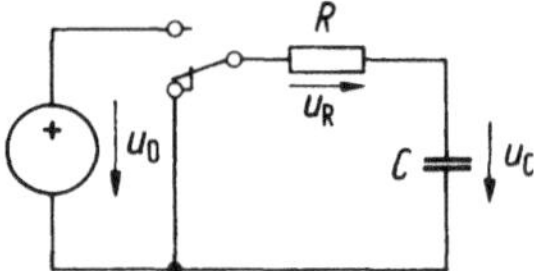

Bild 4.7. *R-C*-Netzwerk

Gesucht: Spannung u an der Kapazität beim Einschalten.

Diese in der Elektronik häufig benützte Schaltung (Tiefpaß) gehorcht der Differentialgleichung

$$u_0=u_R+u_C=u_C+RC\frac{\mathrm{d}u_C}{\mathrm{d}t}$$
$$=u+RC\frac{\mathrm{d}u}{\mathrm{d}t},$$

$$\frac{\mathrm{d}u}{\mathrm{d}t}=-\frac{1}{RC}u+\frac{1}{RC}u_0; \quad u(0)=0.$$

Es handelt sich wieder um eine Differentialgleichung erster Ordnung, allerdings mit anderen Koeffizienten. Ihre Lösung

$$u(t)=u_0\left(1-\exp\left(-\frac{t}{RC}\right)\right)$$

ist im Bild 4.8 dargestellt.

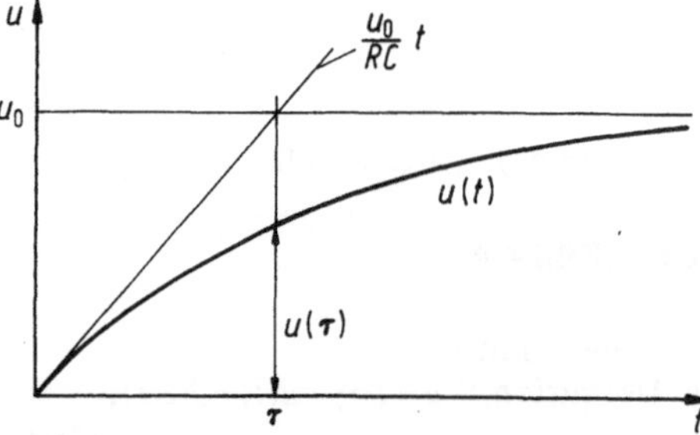

Bild 4.8. Verlauf der Spannung $u(t)$

Aus

$$\frac{du}{dt}(0)=\frac{u_0}{RC}$$

folgt

$$\frac{u_0}{RC}=\frac{u_0}{\tau}$$

und daraus die Zeitkonstante

$$\tau=RC.$$

Man erhält also

$$u(\tau)=u_0(1-e^{-1})=0{,}632\,u_0.$$

Auch diejenigen Netzwerke, die aus den beiden behandelten Beispielen durch das Vertauschen der jeweiligen Elemente entstehen, führen natürlich auf dieselbe Differentialgleichung, da die Reihenfolge der Elemente in der Maschenregel keine Rolle spielt.

Man könnte also analog die Schaltungen gemäß Bild 4.9 behandeln, wobei berücksichtigt werden muß, daß eventuell eine andere Größe als die vorher berechnete interessiert.

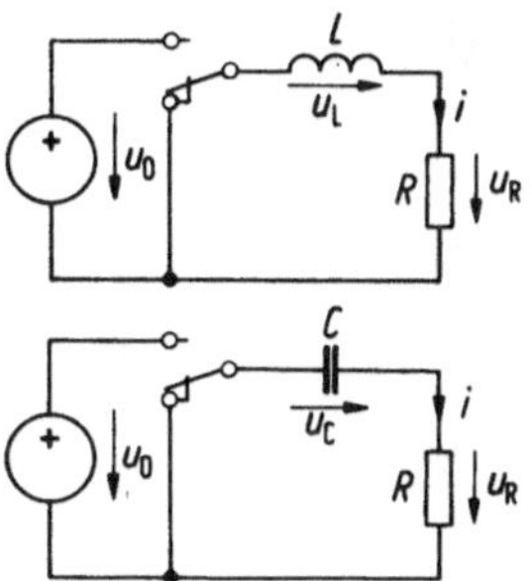

Bild 4.9. Weitere Netzwerke 1. Ordnung

4.2 Ein einfaches Netzwerk bei rechteck- und bei sinusförmiger Anregung

Die gezeigten einfachen Netzwerke erster Ordnung führen im Prinzip auf dieselbe Differentialgleichung. Es soll deshalb nur der Fall von Bild 4.10 weiter behandelt werden. Gesucht sei das Verhalten von $i(t)$ bei rechteck- und bei sinusförmigem Verlauf der Quellenspannung $u(t)$.

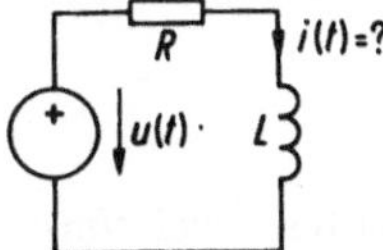

Bild 4.10. *R-L*-Netzwerk

Rechteckförmige Spannung

$u(t)$ habe den Verlauf gemäß Bild 4.11.

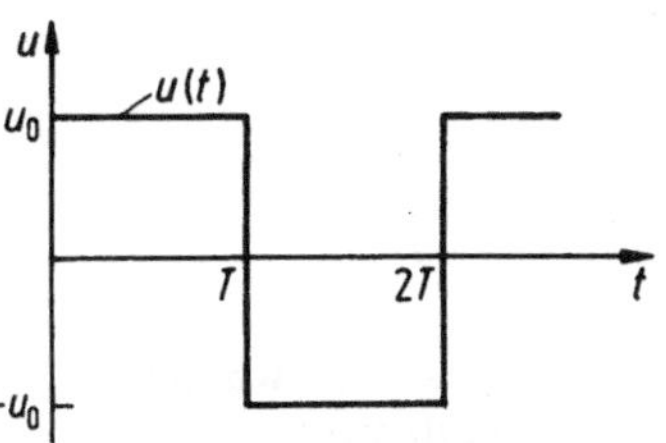

Bild 4.11. Rechteckförmiger Spannungsverlauf

Die Differentialgleichung lautet wieder

$$\frac{di}{dt}=-\frac{R}{L}\,i+\frac{u(t)}{L}.$$

Wir interessieren uns nur für die in Bild 4.12 skizzierte stationäre Lösung.

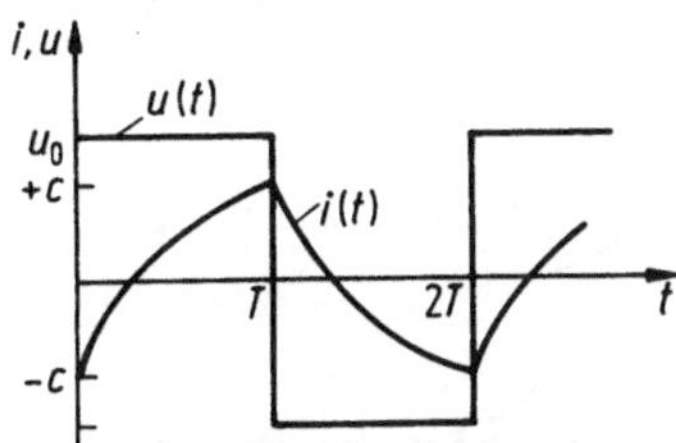

Bild 4.12. Kurve der stationären Lösung

Aus der völligen Symmetrie der Gleichung und der Anregung heraus erwarten wir eine symmetrische Schwingung. Die Lösung im ersten Teilstück lautet

$$i(t)=A_1\exp\left(-\frac{R}{L}\,t\right)+\frac{u_0}{R},$$

im zweiten Teilstück

$$i(t-T)=A_2\exp\left(-\frac{R}{L}\,(t-T)\right)-\frac{u_0}{R}$$

usw.

Gegeben sind noch die „Randbedingungen"

$$i(0)=-c;\quad i(T)=c;\quad i(2T)=-c.$$

Einsetzen, 1. Intervall:

$$i(0)=-c=A_1+\frac{u_0}{R},$$

$$i(T)=c=A_1\exp\left(-\frac{R}{L}\,T\right)+\frac{u_0}{R},$$

$$A_1\exp\left(-\frac{R}{L}\,T\right)+\frac{u_0}{R}=-A_1-\frac{u_0}{R},$$

$$A_1\left(\exp\left(-\frac{R}{L}\,T\right)+1\right)=-\frac{2u_0}{R},$$

$$A_1=-\frac{2u_0}{R\left(1+\exp\left(-\frac{R}{L}\,T\right)\right)}.$$

Die Amplitude ist also von R, L, u_0 und T abhängig!

2. Intervall:

$$i(T)=c=A_2-\frac{u_0}{R},$$

$$i(2T)=-c=A_2\exp\left(-\frac{R}{L}T\right)-\frac{u_0}{R}.$$

Daraus folgt $A_2=-A_1$ usw.
Das stationäre Verhalten des Netzwerkes mit $R=1\ \Omega$, $L=1$ H und damit

$$\frac{di}{dt}=-i+u_0$$

ist im Bild 4.13 dargestellt, anhand dessen die Maschenregel gut kontrolliert werden kann.

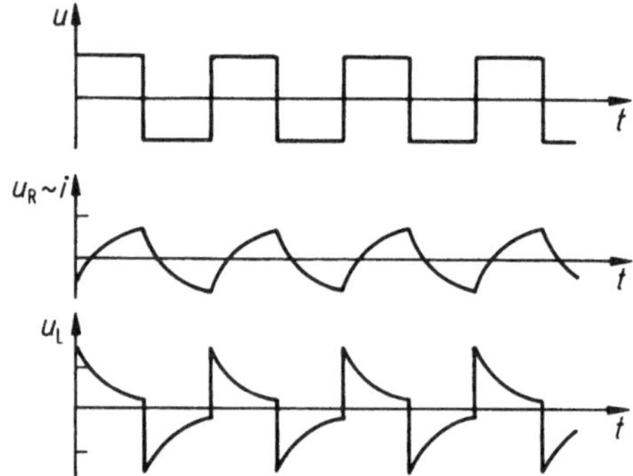

Bild 4.13. Stationäres Verhalten der Spannungen

Sinusförmige Anregung

Differentialgleichung:

$$\frac{di}{dt}=-\frac{R}{L}i+\frac{u(t)}{L};\quad i(0)=0$$

mit

$$u(t)=\hat{U}\sin\omega t.$$

Lösung der homogenen Gleichung:

$$i(t)=A\exp\left(-\frac{R}{L}t\right).$$

Ansatz für eine spezielle Lösung:

$$i_s(t)=B\sin(\omega t+\varphi).$$

In die Differentialgleichung eingesetzt, folgt

$$\frac{di_s(t)}{dt}=B\omega\cos(\omega t+\varphi)=-\frac{R}{L}i_s(t)+\frac{u(t)}{L}=-\frac{R}{L}B\sin(\omega t+\varphi)+\frac{1}{L}\hat{U}\sin\omega t;$$

$$B\omega(\cos\omega t\cos\varphi-\sin\omega t\sin\varphi)=-\frac{R}{L}B(\sin\omega t\cos\varphi+\cos\omega t\sin\varphi)+\frac{1}{L}\hat{U}\sin\omega t.$$

Die Gleichung muß zu jedem Zeitpunkt t erfüllt sein; die Sinus- und Cosinusterme müssen sich einzeln aufheben.

$$\sin\omega t:\ -B\omega\sin\varphi=-\frac{R}{L}B\cos\varphi+\frac{1}{L}\hat{U},$$

$$\cos\omega t:\ B\omega\cos\varphi=-\frac{R}{L}B\sin\varphi.$$

Daraus folgt

$$\tan\varphi=-\frac{L}{R}\omega$$

$$\varphi=\arctan\left(-\frac{L}{R}\omega\right)=-\arctan\left(\frac{L}{R}\omega\right),$$

$$\sin\varphi=\frac{\tan\varphi}{\sqrt{1+\tan^2\varphi}}=\frac{-\frac{\omega L}{R}}{\sqrt{1+\left(\frac{\omega L}{R}\right)^2}};$$

$$\cos\varphi=\frac{1}{\sqrt{1+\left(\frac{\omega L}{R}\right)^2}},$$

$$\frac{R}{L}B\cos\varphi-B\omega\sin\varphi=\frac{1}{L}\hat{U},$$

$$B\frac{\frac{R}{L}+\omega\frac{\omega L}{R}}{\sqrt{1+\left(\frac{\omega L}{R}\right)^2}}=\frac{1}{L}\hat{U};$$

$$B\frac{R}{L}\sqrt{1+\left(\frac{\omega L}{R}\right)^2}=\frac{1}{L}\hat{U},$$

$$B=\frac{\hat{U}}{R\sqrt{1+\left(\frac{\omega L}{R}\right)^2}};$$

$$B=\frac{\hat{U}}{\sqrt{R^2+\omega^2L^2}}.$$

Die allgemeine Lösung lautet damit

$$i(t)=A\exp\left(-\frac{R}{L}t\right)+B\sin(\omega t+\varphi)$$

$$=A\exp\left(-\frac{R}{L}t\right)+\frac{\hat{U}}{\sqrt{R^2+\omega^2L^2}}\sin(\omega t+\varphi),$$

$$\varphi=-\arctan\left(\frac{\omega L}{R}\right).$$

Im nächsten Abschnitt werden zwei Verfahren besprochen, die es gestatten, den stationären Teil der Lösung sehr schnell und viel einfacher zu berechnen. Hier soll noch eine Lösung mit $R=1\ \Omega$, $L=1$ H angegeben werden (Bild 4.14).

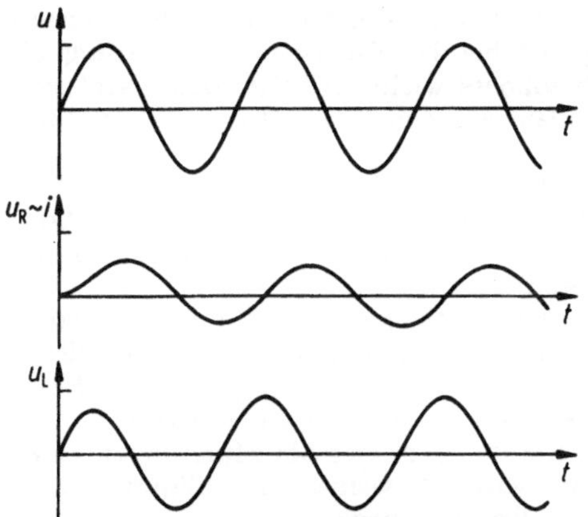

Bild 4.14. Spannungsverläufe

4.3 Parallel- und Serieschaltung von Kapazitäten und Induktivitäten

Wie bei Widerständen können Parallel- und Serieschaltungen von Kapazitäten und Induktivitäten behandelt werden.

Kapazitäten

Parallelschaltung (Bild 4.15)

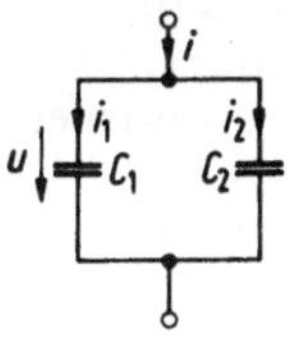

$$i_1 = C_1 \frac{\mathrm{d}u}{\mathrm{d}t}$$

$$i_2 = C_2 \frac{\mathrm{d}u}{\mathrm{d}t}$$

$$i = i_1 + i_2 = (C_1 + C_2) \frac{\mathrm{d}u}{\mathrm{d}t}$$

Bild 4.15. Parallelschaltung zweier Kapazitäten

Ersatzschema: Bild 4.16

$$C = C_1 + C_2$$

Bild 4.16. Ersatzkapazität für Parallelschaltung

Serieschaltung (Bild 4.17)

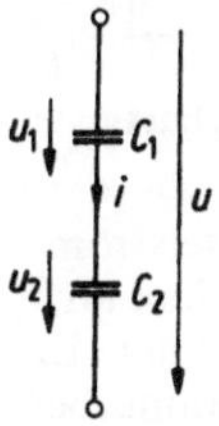

Bild 4.17. Serieschaltung zweier Kapazitäten

Definition einer Kapazität C:

$$Q = Cu \rightarrow u(t) = \frac{1}{C} \int_0^t i(\tau)\,\mathrm{d}\tau + u(0).$$

Damit folgt

$$u_1(t) = \frac{1}{C_1} \int_0^t i(\tau)\,\mathrm{d}\tau + u_1(0),$$

$$u_2(t) = \frac{1}{C_2} \int_0^t i(\tau)\,\mathrm{d}\tau + u_2(0).$$

Für u erhält man

$$\begin{aligned} u(t) &= u_1(t) + u_2(t) \\ &= \left(\frac{1}{C_1} + \frac{1}{C_2}\right) \int_0^t i(\tau)\,\mathrm{d}\tau + u_1(0) + u_2(0) \\ &= \left(\frac{1}{C_1} + \frac{1}{C_2}\right) \int_0^t i(\tau)\,\mathrm{d}\tau + u(0). \end{aligned}$$

Dies entspricht einer einzigen Kapazität mit

$$\frac{1}{C} = \frac{1}{C_1} + \frac{1}{C_2}$$

oder

$$C = \frac{C_1 C_2}{C_1 + C_2}$$

Ersatzschema: Bild 4.18.

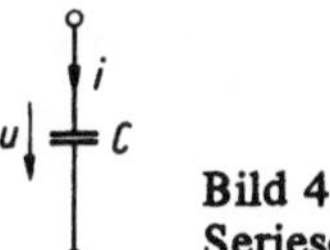

Bild 4.18. Ersatzkapazität für Serieschaltung

Induktivitäten

Parallelschaltung (Bild 4.19)

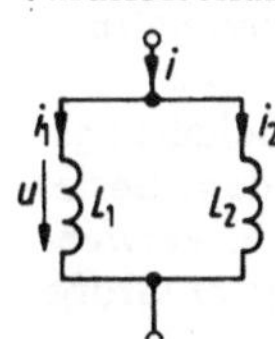

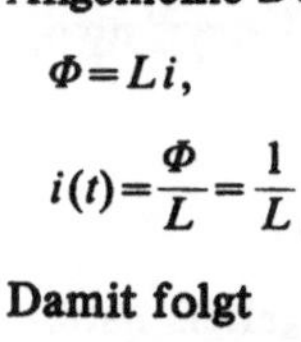

Bild 4.19. Parallelschaltung zweier Induktivitäten

Allgemeine Definition:

$$\Phi = Li,$$

$$i(t) = \frac{\Phi}{L} = \frac{1}{L} \int_0^t u(\tau)\,\mathrm{d}\tau + i(0).$$

Damit folgt

$$i_1(t) = \frac{1}{L_1} \int_0^t u(\tau)\,\mathrm{d}\tau + i_1(0),$$

$$i_2(t) = \frac{1}{L_2} \int_0^t u(\tau)\,\mathrm{d}\tau + i_2(0)$$

und daraus

$$i(t)=i_1(t)+i_2(t)$$
$$=\left(\frac{1}{L_1}+\frac{1}{L_2}\right)\int_0^t u(\tau)\,d\tau+i_1(0)+i_2(0)$$
$$=\frac{1}{L}\int_0^t u(\tau)\,d\tau+i(0).$$

Ersatzschema: Bild 4.20.

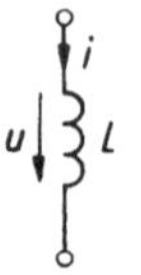

$$\frac{1}{L}=\frac{1}{L_1}+\frac{1}{L_2}$$
$$L=\frac{L_1 L_2}{L_1+L_2}$$

Bild 4.20. Ersatzinduktivität für Parallelschaltung

Serieschaltung (Bild 4.21)

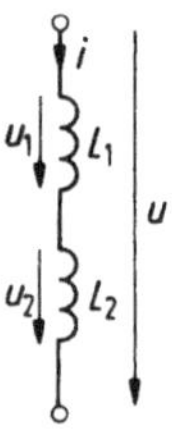

$$u=u_1+u_2$$
$$=L_1\frac{di}{dt}+L_2\frac{di}{dt}$$
$$=(L_1+L_2)\frac{di}{dt}$$

Bild 4.21. Serieschaltung zweier Induktivitäten

Ersatzschema: Bild 4.22.

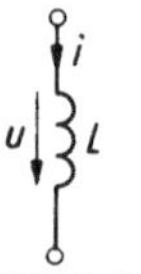

$$L=L_1+L_2$$

Bild 4.22. Ersatzinduktivität für Serieschaltung

Mit diesen Gleichungen können Schaltungsberechnungen oft vereinfacht werden. Serie- und Parallelschaltungen werden u.a. verwendet, um Elemente von nicht normierter Größe herzustellen.

5 Stationäre sinusförmige Vorgänge, Wechselstromlehre

5.1 Einleitung

Die Gesetze der Elektrotechnik gelten natürlich auch für sinusförmige Vorgänge. Für die Behandlung von Netzwerken bei Wechselstrom können besonders einfache Verfahren abgeleitet werden, von denen nachfolgend zwei angegeben werden.

Wechselstrom spielt bei der Energieverteilung und bei der Nachrichtenübermittlung eine besonders wichtige Rolle. Dies ergibt sich vor allem aus den folgenden vier Feststellungen:

- Sinusförmige Spannungen sind leicht herstellbar (rotierende Maschinen) und können gut verarbeitet werden (Transformatoren).
- Sie sind mathematisch leicht analysierbar.
- Sie spielen eine besondere Rolle bei vielen Netzwerken (Eigenschwingungen in Netzwerken können sinusförmig verlaufen).
- Die Summe zweier Sinusfunktionen einer Frequenz ist wieder eine Sinusfunktion derselben Frequenz.

5.2 Sinusförmige Größen

Wir benützen für die folgenden Untersuchungen die Spannung $u(t)$ und den Strom $i(t)$. Zunächst wird der Spannungsverlauf diskutiert werden. Für den Stromverlauf gelten analoge Bezeichnungen.

Die allgemeine sinusförmige Spannung folgt der Gleichung

$$u(t)=\hat{U}\sin(\omega t+\varphi)$$

($\hat{U}$: Scheitelwert oder Amplitude ($\hat{U}>0$), ω: Kreisfrequenz ($\omega=2\pi f$), f: Frequenz ($f=1/T$), T: Periode oder Schwingungsdauer φ: Phasenwinkel). Für $\varphi=0$ ergibt sich Bild 5.1. Für Phasenwinkel $\varphi\neq 0$ wird die Kurve entlang der Zeitachse verschoben.

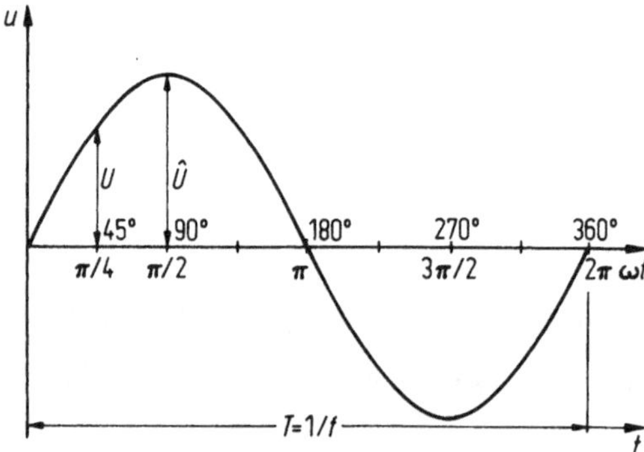

Bild 5.1. Sinusförmiger Spannungsverlauf

Nach Vereinbarung werden Wechselstromgrößen meistens durch den quadratischen Mittelwert oder Effektivwert gekennzeichnet. Er ist maßgebend für die Leistungsaufnahme bei Widerständen. Für u ist der Effektivwert definiert als

$$U=\sqrt{\frac{1}{T}\int_0^T u^2(t)\,dt}$$

mit T: Schwingungsdauer.

Für sinusförmige Größen erhält man

$$U^2=\frac{1}{T}\int_0^T \hat{U}^2\sin^2\omega t\,dt=\frac{\hat{U}^2}{T}\frac{T}{2},$$

$$U^2=\frac{\hat{U}^2}{2};\quad U=\frac{\hat{U}}{\sqrt{2}}=0{,}707\,\hat{U}.$$

Die Angabe „220 V/50 Hz" bei der Energieversorgung bedeutet z.B.

$U=220\,\text{V};\quad \hat{U}=311\,\text{V},$

$f=50\,\text{Hz};\quad T=1/50\,\text{s}=20\,\text{ms};\quad \omega=314\,\text{s}^{-1}.$

5.3 Elemente bei Wechselstrom

Nun soll das Verhalten der drei Grundelemente bei Wechselstrom diskutiert werden. Dabei interessieren Spannung und Strom sowie Leistungsaufnahme und -abgabe. Es wird gezeigt, daß die Effektivwerte einfachen Zusammenhängen folgen.

Widerstand R

Aus

$$u(t)=\hat{U}\sin(\omega t+\varphi)=R\,i(t)$$

folgt

$$i(t)=\frac{\hat{U}}{R}\sin(\omega t+\varphi)=\hat{I}\sin(\omega t+\varphi).$$

Spannung und Strom sind in Phase. Bild 5.2 gilt für $\varphi=0$.

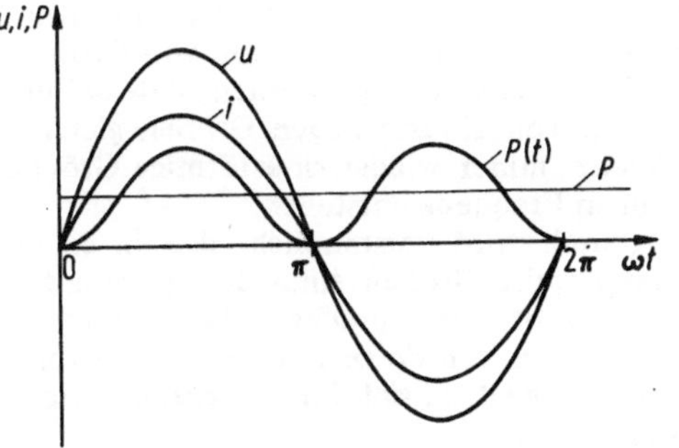

Bild 5.2. Spannung, Strom und Leistung beim Widerstand

Mit den Effektivwerten

$$U=\frac{\hat{U}}{\sqrt{2}};\quad I=\frac{\hat{U}}{R\sqrt{2}}$$

erhält man

$$U=RI.$$

Dieselbe Beziehung galt bereits in Gleichstromkreisen.

Die momentane Leistung ergibt sich zu

$$P(t)=u(t)\,i(t)=\hat{U}\hat{I}\sin^2(\omega t+\varphi)$$
$$=\hat{U}\hat{I}\frac{1}{2}(1-\cos 2(\omega t+\varphi)).$$

Dieser Verlauf ist in Bild 5.2 ebenfalls dargestellt. Der Momentanwert dieser Leistung, der Wirkleistung, ist immer positiv.

Für die mittlere Leistung

$$P=\frac{1}{T}\int_0^T P(t)\,dt$$

erhält man

$$P=\frac{\hat{U}\hat{I}}{2}=UI=RI^2=\frac{U^2}{R}.$$

Für die Effektivwerte gelten demnach dieselben Beziehungen wie bei Gleichstrom, so daß mit ihnen wie mit Gleichstromgrößen gerechnet werden kann.

Kapazität C

Aus

$$u(t)=\hat{U}\sin(\omega t+\varphi)$$

folgt

$$i(t)=C\frac{du}{dt}=C\omega\hat{U}\cos(\omega t+\varphi)$$
$$=C\omega\hat{U}\sin\left(\omega t+\varphi+\frac{\pi}{2}\right)$$
$$=\hat{I}\sin\left(\omega t+\varphi+\frac{\pi}{2}\right),$$

da

$$\sin\left(x+\frac{\pi}{2}\right)=\sin x\cos\frac{\pi}{2}+\cos x\sin\frac{\pi}{2}$$
$$=\cos x.$$

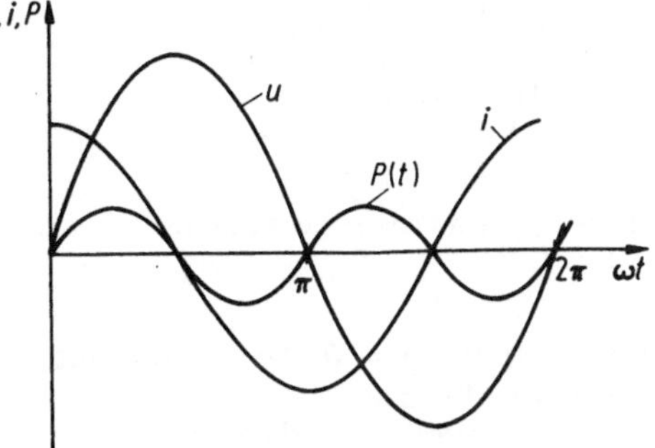

Bild 5.3. Spannung, Strom und Leistung bei der Kapazität

Bild 5.3 gibt die graphische Darstellung für $\varphi = 0$. Der Strom eilt der Spannung um 90° vor.

Mit Effektivwerten erhält man

$$I = \omega C U; \quad U = \frac{1}{\omega C} I.$$

$1/\omega C$ wird Wechselstromwiderstand oder Reaktanz genannt.

Die momentane Leistung $P(t)$ ergibt sich zu

$$\begin{aligned} P(t) &= u(t)\, i(t) \\ &= \hat{U}\hat{I} \sin(\omega t + \varphi) \sin\left(\omega t + \varphi + \frac{\pi}{2}\right) \\ &= \hat{U}\hat{I} \sin(\omega t + \varphi) \cos(\omega t + \varphi) \\ &= \hat{U}\hat{I}\, \frac{1}{2} \sin 2(\omega t + \varphi). \end{aligned}$$

Ihr Verlauf ist in Bild 5.3 ebenfalls dargestellt.

Für die mittlere Leistung erhält man

$$P = \frac{1}{T} \int_0^T P(t)\, dt = 0.$$

Der Momentanwert der Leistung ändert sein Vorzeichen periodisch, d.h. es fließt sowohl Leistung in die Kapazität hinein als auch wieder heraus. Der Mittelwert der Leistung ist gleich null, obwohl das Produkt UI nicht verschwindet. Man spricht in diesem Falle von einer Blindleistung.

Induktivität L

Aus

$$u(t) = \hat{U} \sin(\omega t + \varphi) = L \frac{di}{dt}$$

folgt

$$\frac{di}{dt} = \frac{\hat{U}}{L} \sin(\omega t + \varphi).$$

Durch Integration erhält man den sinusförmigen Strom

$$\begin{aligned} i(t) &= -\frac{\hat{U}}{\omega L} \cos(\omega t + \varphi) \\ &= \frac{\hat{U}}{\omega L} \sin\left(\omega t + \varphi - \frac{\pi}{2}\right) \\ &= \hat{I} \sin\left(\omega t + \varphi - \frac{\pi}{2}\right), \end{aligned}$$

da

$$\begin{aligned} \sin\left(x - \frac{\pi}{2}\right) &= \sin x \cos \frac{\pi}{2} - \cos x \sin \frac{\pi}{2} \\ &= -\cos x. \end{aligned}$$

Bild 5.4 gilt für $\varphi = 0$. Der Strom eilt der Spannung um 90° nach.

Mit Effektivwerten erhält man

$$I = \frac{1}{\omega L} U; \quad \omega L I = U.$$

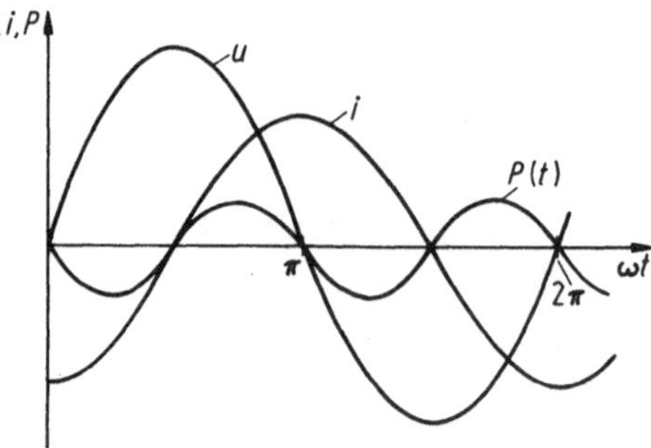

Bild 5.4. Spannung, Strom und Leistung bei der Induktivität

Auch ωL wird als Wechselstromwiderstand oder Reaktanz bezeichnet.

Die momentane Leistung ergibt sich zu

$$\begin{aligned} P(t) &= u(t)\, i(t) \\ &= -\hat{U}\hat{I} \sin(\omega t + \varphi) \cos(\omega t + \varphi) \\ &= -\hat{U}\hat{I}\, \frac{1}{2} \sin 2(\omega t + \varphi). \end{aligned}$$

Ihr Verlauf, in Bild 5.4 ebenfalls dargestellt, unterscheidet sich nur durch das Vorzeichen vom Verlauf bei der Kapazität.

Für die mittlere Leistung erhält man auch hier

$$P = \frac{1}{T} \int_0^T P(t)\, dt = 0,$$

also eine Blindleistung.

5.4 Maschen- und Knotenregel bei Wechselstromgrößen

Die allgemeinen Gesetze (Maschen- und Knotenregel) betreffen die Addition von Größen. Es soll zunächst gezeigt werden, daß bei der Addition von sinusförmigen Größen gleicher Frequenz immer wieder sinusförmige Größen derselben Frequenz entstehen.

Dadurch wird verständlich, daß in einem Netzwerk alle Größen sinusförmig verlaufen können. Trotz dem Sprachgebrauch „sinusförmig" wird in der Folge mit der Cosinusform gearbeitet, weil sie sich im vorliegenden Falle besser eignet.

Addition von sinusförmigen Größen:

$$\begin{aligned} u_1(t) &= \hat{U}_1 \cos(\omega t + \varphi_1), \\ u_2(t) &= \hat{U}_2 \cos(\omega t + \varphi_2), \\ u_1(t) &= \hat{U}_1 (\cos \omega t \cos \varphi_1 - \sin \omega t \sin \varphi_1) \\ &= \hat{U}_1 \cos \varphi_1 \cos \omega t - \hat{U}_1 \sin \varphi_1 \sin \omega t, \end{aligned}$$

$$u_2(t) = \hat{U}_2 \cos\varphi_2 \cos\omega t - \hat{U}_2 \sin\varphi_2 \sin\omega t,$$

$$\begin{aligned} u_1(t) + u_2(t) &= (\hat{U}_1 \cos\varphi_1 + \hat{U}_2 \cos\varphi_2) \cos\omega t \\ &\quad - (\hat{U}_1 \sin\varphi_1 + \hat{U}_2 \sin\varphi_2) \sin\omega t \\ &= \hat{U}_3 \cos(\omega t + \varphi_3), \end{aligned}$$

wobei

$$\hat{U}_3 \cos\varphi_3 = \hat{U}_1 \cos\varphi_1 + \hat{U}_2 \cos\varphi_2,$$
$$\hat{U}_3 \sin\varphi_3 = \hat{U}_1 \sin\varphi_1 + \hat{U}_2 \sin\varphi_2.$$

Daraus folgt

$$\begin{aligned} \hat{U}_3^2 = \hat{U}_1^2 \cos^2\varphi_1 + \hat{U}_2^2 \cos^2\varphi_2 \\ + 2\hat{U}_1 \hat{U}_2 \cos\varphi_1 \cos\varphi_2 \\ + \hat{U}_1^2 \sin^2\varphi_1 + \hat{U}_2^2 \sin^2\varphi_2 \\ + 2\hat{U}_1 \hat{U}_2 \sin\varphi_1 \sin\varphi_2, \end{aligned}$$

$$\hat{U}_3^2 = \hat{U}_1^2 + \hat{U}_2^2 + 2\hat{U}_1 \hat{U}_2 \cos(\varphi_2 - \varphi_1) \geq 0,$$

$$\tan\varphi_3 = \frac{\hat{U}_1 \sin\varphi_1 + \hat{U}_2 \sin\varphi_2}{\hat{U}_1 \cos\varphi_1 + \hat{U}_2 \cos\varphi_2}.$$

Da diese Berechnungen sehr unübersichtlich werden, empfiehlt sich die graphische Darstellung gemäß Bild 5.5.

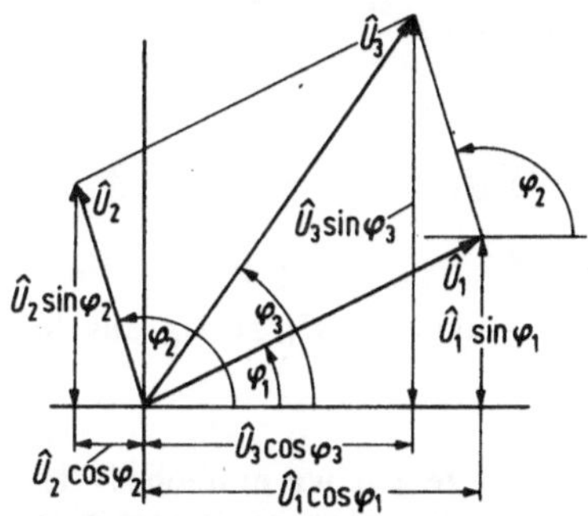

Bild 5.5. Graphische Addition von sinusförmigen Größen

Man verifiziert hieran leicht die beiden folgenden Gleichungen aus der Herleitung:

$$\hat{U}_3 \cos\varphi_3 = \hat{U}_1 \cos\varphi_1 + \hat{U}_2 \cos\varphi_2,$$
$$\hat{U}_3 \sin\varphi_3 = \hat{U}_1 \sin\varphi_1 + \hat{U}_2 \sin\varphi_2.$$

Die Addition kann also graphisch durchgeführt werden, und es bestätigt sich, daß die Summe beliebig vieler Sinusschwingungen ebenfalls eine Sinusschwingung ist (fortlaufende Addition).

5.5 Netzwerkanalyse mit dem Zeigerdiagramm

Für die Beschreibung von

$$u(t) = U\sqrt{2} \cos(\omega t + \varphi)$$

bei festem ω genügt die Angabe des Effektivwertes U und des Phasenwinkels φ.

Als Zeiger $\underline{U}$ wird der Vektor gemäß Bild 5.6 definiert (U: Effektivwert, φ: Phasenwinkel).

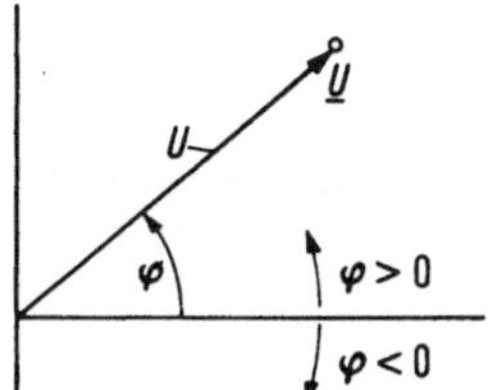

Bild 5.6. Zeiger

Ströme werden analog dargestellt.

$$\alpha = \varphi_1 - \varphi_2 > 0$$

bedeutet dabei voreilend,

$$\alpha = \varphi_1 - \varphi_2 < 0$$

bedeutet nacheilend (Bild 5.7).

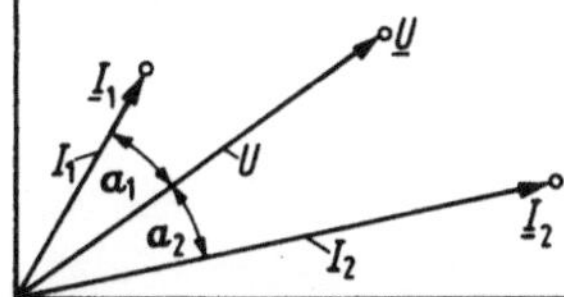

Bild 5.7. Zeigerdiagramm
$\underline{I}_1$: voreilend gegen $\underline{U}$,
$\underline{I}_2$: nacheilend gegen $\underline{U}$

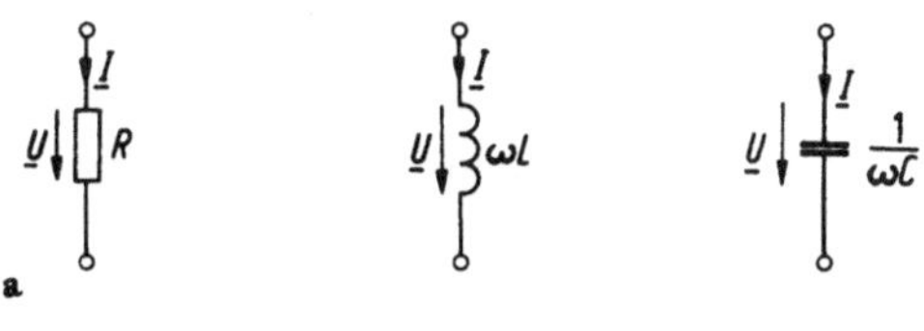

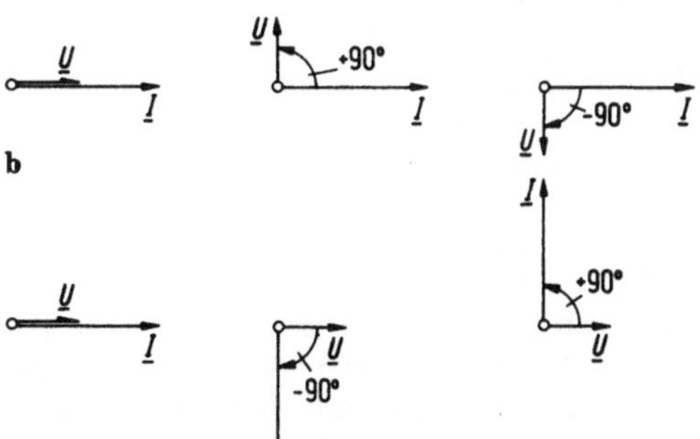

Bild 5.8. Die drei Grundelemente (a) und ihre Zeigerdiagramme mit Strom (b) und Spannung (c) als Bezugsgröße

Da der Zeitnullpunkt im allgemeinen keine Rolle spielt, ist bei der Darstellung mehrerer Größen die Differenz der Winkel maßgebend. Eine geeignete Größe wird dann normalerweise als Bezugsgröße in der horizontalen Achse aufgetragen.

Die Verhältnisse bei den drei Grundelementen zeigt Bild 5.8.

Zwei einfache Beispiele sollen demonstrieren, wie Netzwerke mit Zeigerdiagrammen untersucht werden können.

R-L-Kreis mit Wechselspannungsquelle
(Bild 5.9)

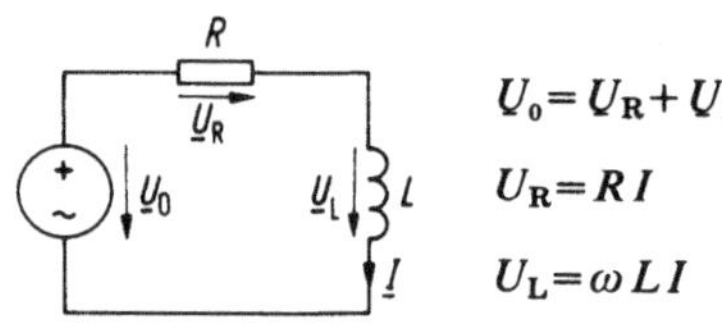

$$U_0 = U_R + U_L$$
$$U_R = R\,I$$
$$U_L = \omega L I$$

Bild 5.9. *R-L*-Kreis mit Wechselspannungsquelle

Gesucht: *I*.
Zeigerdiagramm: Bild 5.10.

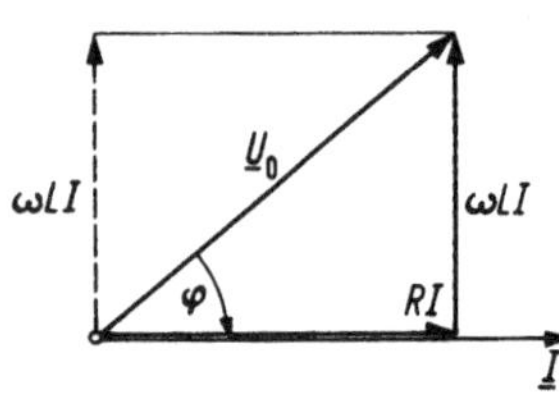

Bild 5.10. Zeigerdiagramm des *R-L*-Kreises

Aus der Konstruktion folgt

$$U_0^2 = R^2 I^2 + \omega^2 L^2 I^2,$$

$$I = U_0 \frac{1}{\sqrt{R^2 + \omega^2 L^2}},$$

$$\varphi = -\arctan\left(\frac{\omega L}{R}\right),$$

φ: Winkel von U_0 zu I.

Der Effektivwert des Stromes berechnet sich also aus dem Effektivwert der Spannung durch Multiplikation mit $1/\sqrt{R^2+\omega^2 L^2}$. Der Strom eilt der Spannung um $|\varphi|$ nach.

Dieses Beispiel wurde bereits im Abschnitt 4.2 gelöst. Das Resultat wurde dort allerdings erst nach einer umfangreichen Rechnung gefunden.

R-C-Kreis mit Wechselspannungsquelle
(Bild 5.11)

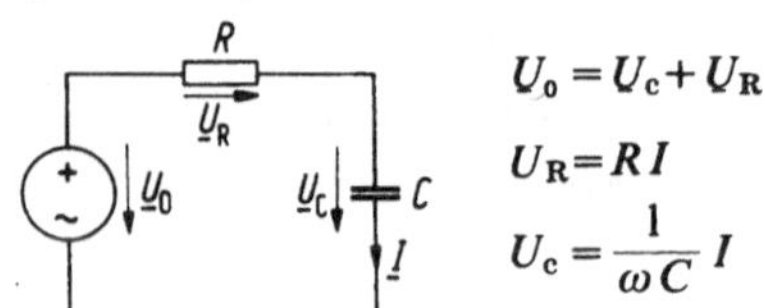

$$U_0 = U_c + U_R$$
$$U_R = R\,I$$
$$U_c = \frac{1}{\omega C} I$$

Bild 5.11. *R-C*-Kreis mit Wechselspannungsquelle

Gesucht: U_C.
Zeigerdiagramm: Bild 5.12.

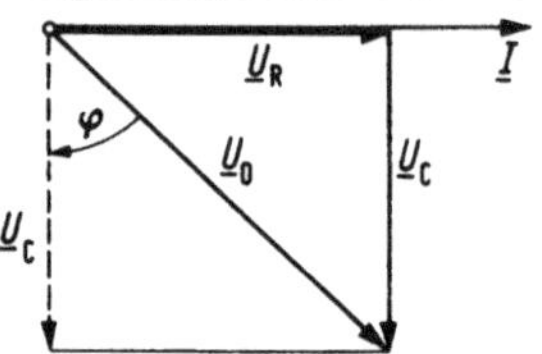

Bild 5.12. Zeigerdiagramm des *R-C*-Kreises

Berechnung von U_C:

$$U_0^2 = U_R^2 + U_c^2 = R^2 I^2 + U_c^2,$$

$$I^2 = \omega^2 C^2 U_c^2,$$

$$U_0^2 = (R^2 \omega^2 C^2 + 1)\, U_c^2,$$

$$U_c = \frac{U_0}{\sqrt{1 + \omega^2 R^2 C^2}}.$$

Phasenwinkel φ (Winkel von U_0 zu U_c, aus der Konstruktion):

$$\varphi = -\arctan(\omega R C).$$

Die beiden Beispiele zeigen, wie einfache Netzwerke mit Zeigerdiagrammen analysiert werden können. Aber auch die rein analytische Behandlung wird durch die komplexe Berechnungsweise wesentlich erleichtert.

5.6 Netzwerkanalyse mit der komplexen Rechnung

Die mathematisch-formale Fassung der Idee, die auch den Zeigerdiagrammen zugrundeliegt, führt auf die komplexe Rechnung.

Der Spannungsverlauf

$$u(t) = \hat{U} \cos(\omega t + \varphi)$$

wird dazu rein formal um einen Imaginärteil ergänzt ($j^2 = -1$):

$$\underline{u}(t) = \hat{U} \cos(\omega t + \varphi) + j\,\hat{U} \sin(\omega t + \varphi)$$
$$= \hat{U} e^{j(\omega t + \varphi)}.$$

Man bezeichnet $\underline{u}(t)$ als komplexen Momentanwert.

Die graphische Darstellung (Bild 5.13) ist also eine Abbildung aus dem Bereich der reellen Zahlen in den Bereich der komplexen Zahlen. Dadurch wird die mathematische Behandlung vereinfacht. Konvention: Die Vektoren rotieren entgegen dem Uhrzeigersinn.

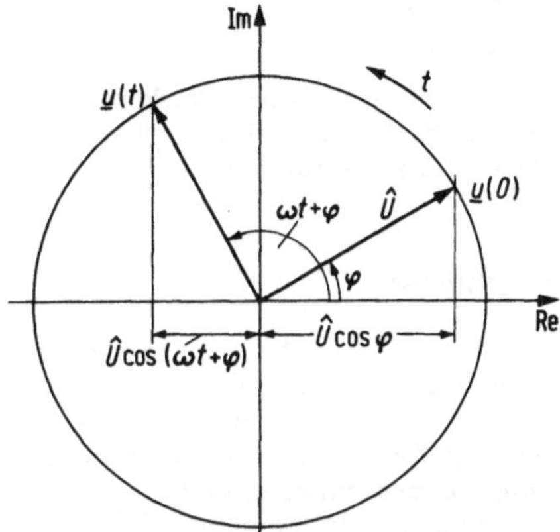

Bild 5.13. Darstellung des Spannungsverlaufes in der komplexen Ebene

Falls man den wirklichen momentanen Wert berechnen will, gilt zu jeder Zeit

$$u(t) = \mathrm{Re}[\underline{u}(t)] = \hat{U}\cos(\omega t + \varphi).$$

Der Scheitelwert ergibt sich zu

$$\hat{U} = |\underline{u}|,$$

und für den Effektivwert erhält man

$$U = \frac{\hat{U}}{\sqrt{2}} = \frac{|\underline{u}|}{\sqrt{2}}.$$

Damit gehört zu dieser komplexen Darstellung das Zeigerdiagramm gemäß Bild 5.14.

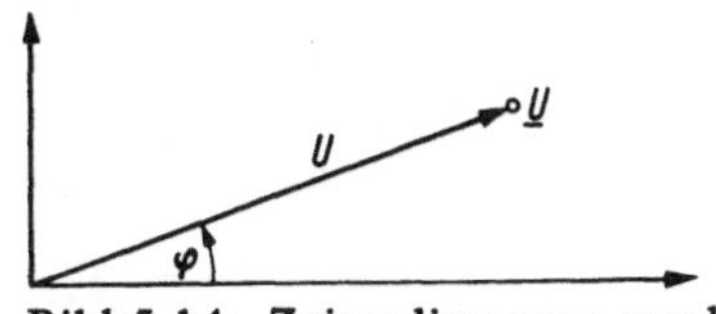

Bild 5.14. Zeigerdiagramm zur komplexen Darstellung

Über die Definitionsgleichung kann man an jeder Stelle zwischen Zeigerdiagramm und komplexer Darstellung wechseln. Daher kann auch mit Zeigern gerechnet werden.

Die Operationen, die bei der Netzwerkanalyse eine Rolle spielen, sind die Addition (bei der Anwendung der Maschen- und Knotenregel), die Multiplikation mit einem Skalar und die Differentiation (in den Definitionsgleichungen der Elemente). Nachfolgend soll geprüft werden, wie sich diese Operationen in die komplexe Rechnung übertragen.

Addition und Multiplikation mit einem Skalar verhalten sich offensichtlich wie im Reellen, d.h. es gilt

$$\mathrm{Re}[\underline{u}_1(t) + \underline{u}_2(t)] = \mathrm{Re}[\underline{u}_1(t)] + \mathrm{Re}[\underline{u}_2(t)],$$

$$\mathrm{Re}[\lambda \underline{u}(t)] = \lambda\,\mathrm{Re}[\underline{u}(t)].$$

Bei der Differentiation erhält man aus

$$u(t) = A\cos(\omega t + \varphi)$$

$$\underline{u}(t) = A\,\mathrm{e}^{\mathrm{j}(\omega t + \varphi)},$$

also

$$\frac{\mathrm{d}\underline{u}}{\mathrm{d}t} = \mathrm{j}\omega A\,\mathrm{e}^{\mathrm{j}(\omega t + \varphi)} = \mathrm{j}\omega\underline{u}$$

$$= -\mathrm{j}\omega A\,(\cos(\omega t + \varphi) + \mathrm{j}\sin(\omega t + \varphi)).$$

Daraus folgt

$$\mathrm{Re}\left[\frac{\mathrm{d}\underline{u}}{\mathrm{d}t}\right] = -\omega A\sin(\omega t + \varphi).$$

Dies stimmt mit dem direkt berechneten

$$\frac{\mathrm{d}u}{\mathrm{d}t} = -\omega A\sin(\omega t + \varphi)$$

überein, d.h.

$$\mathrm{Re}\left[\frac{\mathrm{d}\underline{u}}{\mathrm{d}t}\right] = \frac{\mathrm{d}u}{\mathrm{d}t}.$$

Damit gilt im Komplexen die einfache Ableitungsregel

$$\frac{\mathrm{d}\underline{u}}{\mathrm{d}t} = \mathrm{j}\omega\underline{u},$$

die besagt, daß der Differentiation eine Multiplikation mit $\mathrm{j}\omega$ entspricht.

Nun können die komplexen Widerstände (Impedanzen) eingeführt werden. Durch Anwendung der gefundenen Differentiationsregel erhält man für die einzelnen Elemente

Widerstand:

$$u = Ri; \quad \underline{u} = R\underline{i}; \quad \frac{\underline{u}}{\underline{i}} = R,$$

Kapazität:

$$i = C\frac{\mathrm{d}u}{\mathrm{d}t}; \quad \underline{i} = \mathrm{j}\omega C\underline{u}; \quad \frac{\underline{u}}{\underline{i}} = \frac{1}{\mathrm{j}\omega C},$$

Induktivität:

$$u = L\frac{\mathrm{d}i}{\mathrm{d}t}; \quad \underline{u} = \mathrm{j}\omega L\underline{i}; \quad \frac{\underline{u}}{\underline{i}} = \mathrm{j}\omega L.$$

Diese Impedanzen lassen sich in der komplexen Ebene darstellen (Bild 5.15). Mit ihnen darf gerechnet werden wie mit reellen Widerständen.

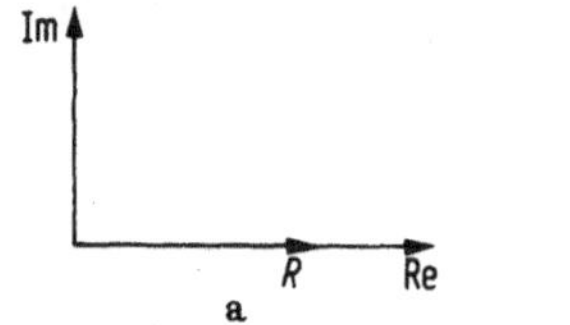

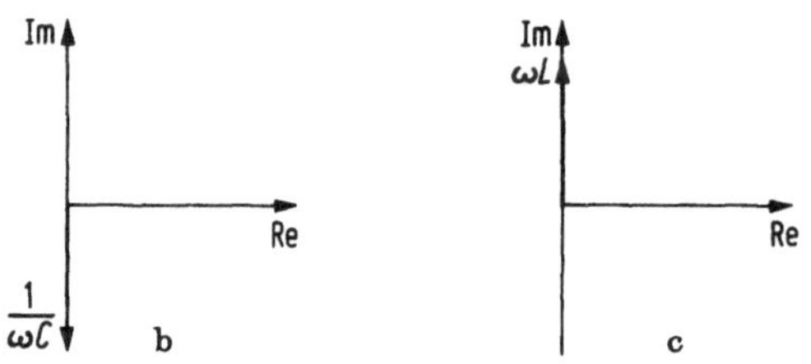

Bild 5.15. Impedanzen der Grundelemente
a) Widerstand R, b) Kapazität C,
c) Induktivität L

Die Beispiele, die in Abschnitt 5.5 bereits mit dem Zeigerdiagramm untersucht wurden, sollen auch hier noch einmal gelöst werden.

R-L-Kreis (Bild 5.16)

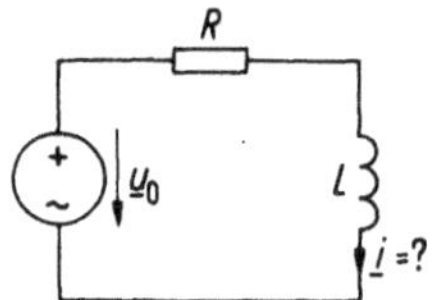

Bild 5.16. R-L-Kreis

$$\underline{u}_0=(R+\mathrm{j}\omega L)\underline{i},$$

$$\underline{i}=\frac{\underline{u}_0}{R+\mathrm{j}\omega L},$$

$$|\underline{i}|=\frac{|\underline{u}_0|}{\sqrt{R^2+\omega^2 L^2}},$$

$$I=\frac{U_0}{\sqrt{R^2+\omega^2 L^2}},$$

$$\tan\varphi=-\frac{\omega L}{R} \quad (\varphi\text{: Winkel von } \underline{u}_0 \text{ nach } \underline{i})$$

$$\varphi=-\arctan\left(\frac{\omega L}{R}\right)$$

R-C-Kreis (Bild 5.17)

$$\underline{u}_0=\underline{u}+\underline{u}_R=\underline{u}+R\underline{i}=\underline{u}(1+\mathrm{j}\omega RC),$$

$$\underline{u}=\frac{\underline{u}_0}{1+\mathrm{j}\omega RC},$$

$$|\underline{u}|=\frac{|\underline{u}_0|}{\sqrt{1+\omega^2 R^2 C^2}},$$

$$U=\frac{U_0}{\sqrt{1+\omega^2 R^2 C^2}},$$

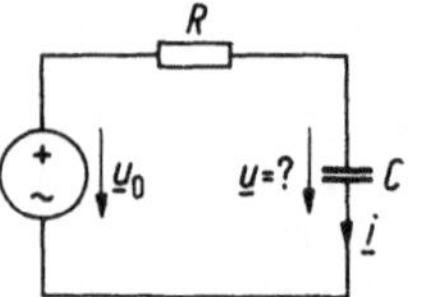

Bild 5.17. R-C-Kreis

$$\varphi=-\arctan(\omega RC)$$
$(\varphi$: Winkel von $\underline{u}_0$ nach $\underline{u})$.

Insbesondere bei großen Netzwerken führt diese rein rechnerische Behandlung oft schneller zum Ziel als die Konstruktion.

5.7 Schwingkreise

Die bisher untersuchten Netzwerke enthielten immer nur ein Element, das Energie speichern kann (L oder C). Wenn in einer Schaltung Induktivitäten und Kapazitäten auftreten, kann dies zu Resonanzerscheinungen führen.

Dies soll an den folgenden beiden Schwingkreisen, die je mit dem Zeigerdiagramm und mit der komplexen Rechnung untersucht werden, gezeigt werden.

Serieschwingkreis (Bild 5.18)

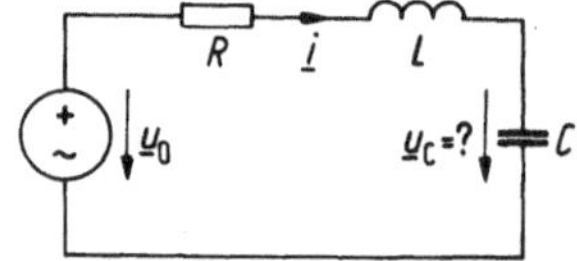

Bild 5.18. Serieschwingkreis

Zeigerdiagramm mit $\underline{I}$ als Bezugsgröße: Bild 5.19.

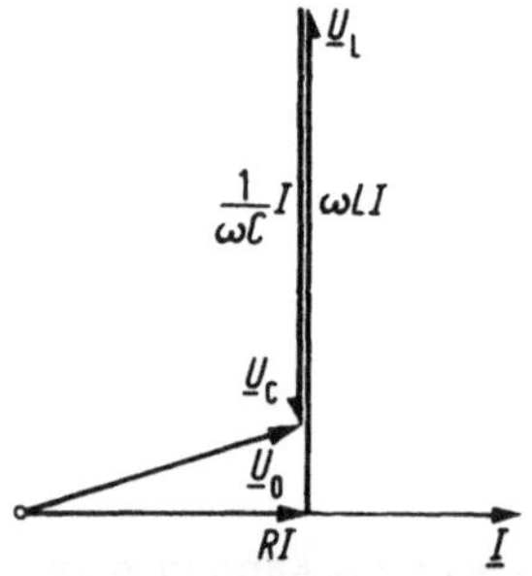

Bild 5.19. Zeigerdiagramm des Serieschwingkreises mit $\underline{I}$ als Bezugsgröße

$\underline{U}_C$ kann bei geeigneter Wahl der Elemente R, L, C offensichtlich größer werden als $\underline{U}_0$. Man spricht in diesem Falle von einer Resonanz, da ja auch ω eine Rolle spielt. Dies kann in der folgenden komplexen Rechnung genauer gesehen werden:

$$\underline{u}_0=\underline{i}\left(R+\mathrm{j}\omega L+\frac{1}{\mathrm{j}\omega C}\right)$$

$$=\underline{i}\left(R+\mathrm{j}\left(\omega L-\frac{1}{\omega C}\right)\right),$$

$$I=\frac{U_0}{\sqrt{R^2+\left(\omega L-\frac{1}{\omega C}\right)^2}}.$$

Dieser Strom hat ein Maximum bei

$$\omega L=\frac{1}{\omega C}$$

oder

$$\omega^2=\frac{1}{LC}.$$

Man bezeichnet diese Frequenz als Resonanzfrequenz. Dort gilt

$$U_C=\frac{1}{\omega C}I=\frac{U_0}{\omega RC}.$$

Wenn $1/\omega RC$ groß gemacht werden kann, tritt eine starke Resonanzüberhöhung auf. Daß dies möglich ist, zeigt das Zahlenbeispiel: Aus $L = 0{,}1$ H; $C = 10^{-6}$ F; $R = 100\ \Omega$ folgt $\omega^2 = 1/LC = 10^7\,\mathrm{s}^{-2}$; $\omega = 3{,}2 \cdot 10^3\,\mathrm{s}^{-1}$ und $U_c = (1/\omega CR)\,U_0 \cong 3{,}2\,U_0$.

Parallelschwingkreis (Bild 5.20)

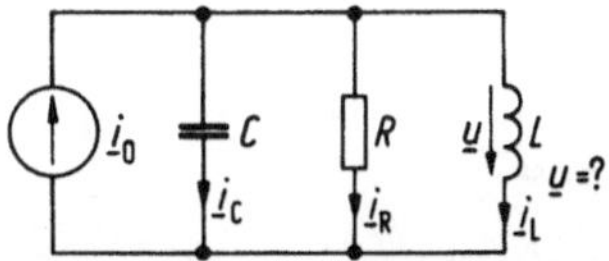

Bild 5.20. Parallelschwingkreis

Zeigerdiagramm mit $\underline{U}$ als Bezugsgröße: Bild 5.21.

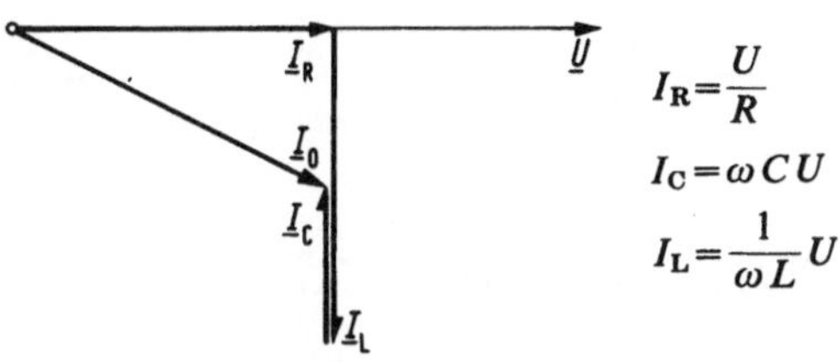

$$I_R=\frac{U}{R}$$

$$I_C=\omega CU$$

$$I_L=\frac{1}{\omega L}U$$

Bild 5.21. Zeigerdiagramm des Parallelschwingkreises mit $\underline{U}$ als Bezugsgröße

Komplexe Berechnung:

$$\underline{i}_0=\underline{u}\left(\frac{1}{R}+\mathrm{j}\omega C+\frac{1}{\mathrm{j}\omega L}\right)=\underline{i}_R+\underline{i}_C+\underline{i}_L$$

$$=\underline{u}\left(\frac{1}{R}+\mathrm{j}\left(\omega C-\frac{1}{\omega L}\right)\right),$$

$$U=\frac{I_0}{\sqrt{\frac{1}{R^2}+\left(\omega C-\frac{1}{\omega L}\right)^2}}$$

Es ergibt sich eine Resonanzfrequenz

$$\omega C=\frac{1}{\omega L},$$

$$\omega^2=\frac{1}{LC}.$$

Bei ihr ist

$$U=I_0R.$$

5.8 Leistungen bei Wechselstrom

Wie bereits in Abschnitt 5.3 gezeigt wurde, nimmt ein Widerstand eine Wirkleistung P auf. Bei der Induktivität und bei der Kapazität ergaben sich pendelnde Leistungen, die als Blindleistungen Q bezeichnet wurden. In einem allgemeinen Netzwerk können beide Arten von Leistungen vorkommen.
Beispiel: R-L-Kreis (Bild 5.22).

$$i=\hat{I}\sin\omega t$$

$$u_R=Ri=R\hat{I}\sin\omega t=\hat{U}_R\sin\omega t$$

$$u_L=L\frac{\mathrm{d}i}{\mathrm{d}t}=\omega L\hat{I}\cos\omega t=\hat{U}_L\cos\omega t$$

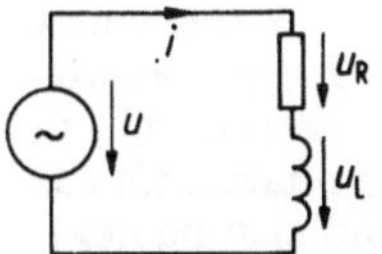

Bild 5.22. *R-L*-Kreis

Für die Bestimmung der Spannungsaufteilung wird am besten das Zeigerdiagramm verwendet (Bild 5.23).

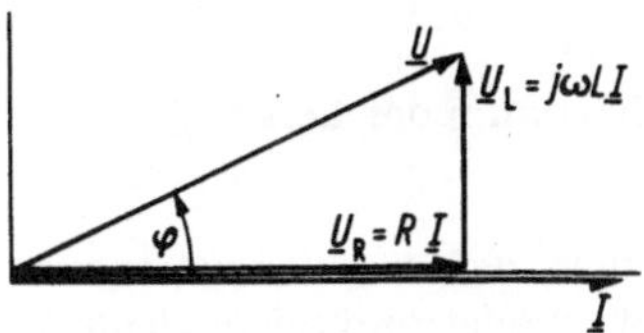

Bild 5.23. Zeigerdiagramm des *R-L*-Kreises

Aus ihm folgt

$$\hat{U}_R = \hat{U}\cos\varphi; \quad U_R = U\cos\varphi,$$
$$\hat{U}_L = \hat{U}\sin\varphi; \quad U_L = U\sin\varphi.$$

Aus den Leistungsbetrachtungen ergeben sich für die mittleren Leistungen

$$P_R = U_R I = U I\cos\varphi,$$
$$P_L = 0.$$

Obwohl also im Kreis eine Gesamtspannung U einen Gesamtstrom I zur Folge hat, ist die Wirkleistung kleiner als $U\,I$. Denn nur der Spannungsanteil, der über dem Widerstand abfällt, trägt etwas zur mittleren Leistung bei. Der Spannungsanteil, der über der Induktivität abfällt, bringt keinen Beitrag zur Wirkleistung.

Damit ergeben sich für die Leistung die drei Komponenten Wirkleistung, Scheinleistung und Blindleistung. Die Wirkleistung ist

$$P = U I\cos\varphi.$$

Mit der Rechengröße Scheinleistung $S = UI$ kann das Zeigerdiagramm 5.24 gezeichnet werden:

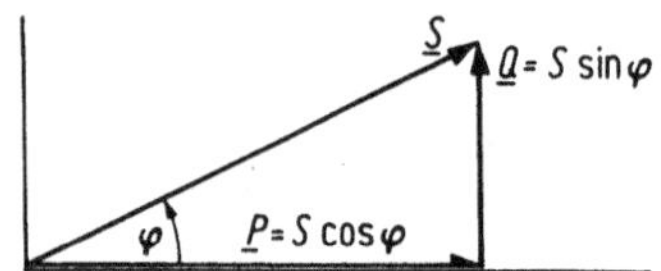

Bild 5.24. Zeigerdiagramm der Leistungen (R-L-Kreis)

Der Scheinleistungsanteil $S\sin\varphi$ wird Blindleistung Q genannt, er resultiert aus der in der Induktivität L hin- und herpendelnden Leistung.

Ein R-L-Kreis nimmt also eine Wirkleistung P und eine Blindleistung Q auf. Führt man diese Überlegungen an einem R-C-Kreis durch, so folgt für die Leistungen als Zeigerdiagramm das Bild 5.25. Hier ist also die Blindleistung negativ, d.h. ein R-C-Kreis nimmt eine Wirkleistung P auf und gibt eine Blindleistung Q ab.

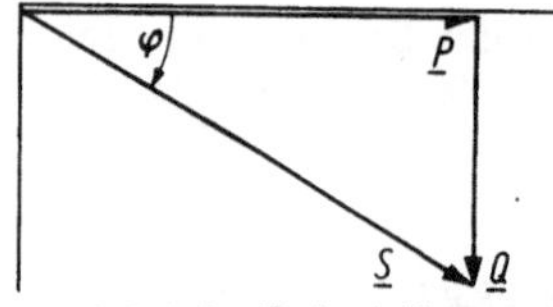

Bild 5.25. Zeigerdiagramm der Leistungen (R-C-Kreis)

Daraus ergibt sich, daß für eine gegebene Wirkleistung P im Wechselstromkreis auch noch weitere Leistungskomponenten auftreten, welche als Blindleistungen zirkulieren und das Netz belasten. Es ist deshalb anzustreben, den Wert des $\cos\varphi$ möglichst nahe bei 1 zu halten. Dies kann etwa dadurch erreicht werden, daß bei induktiven Lasten (Q positiv) eine zusätzliche kapazitive Last (Q negativ) eingeschaltet wird, so daß die gesamte Blindleistung nahezu null wird (Kompensation).

5.9 Das Dreiphasensystem

Aus Gründen, auf die im Teil B näher eingegangen wird, wird die Energieversorgung heute allgemein dreiphasig durchgeführt. Ein Dreiphasensystem, das aus drei um 120° gegeneinander verschobenen Spannungsquellen besteht, bietet vor allem in der Antriebstechnik große Vorteile, da damit auf einfache Weise Drehfelder erzeugt werden können.

Nachfolgend soll kurz gezeigt werden, wie solche Systeme mit Hilfe von Zeigerdiagrammen dargestellt und untersucht werden können.

Das Dreiphasensystem soll aus den drei Quellen gemäß Bild 5.26 bestehen. Die zeitlichen Verläufe lauten

$$u_1(t) = \hat{U}\sin(\omega t) = \underline{U}_{ux},$$
$$u_2(t) = \hat{U}\sin\left(\omega t - \frac{2\pi}{3}\right) = \underline{U}_{vy},$$
$$u_3(t) = \hat{U}\sin\left(\omega t - \frac{4\pi}{3}\right) = \underline{U}_{wz}.$$

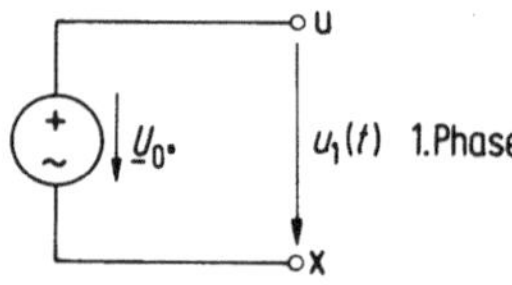

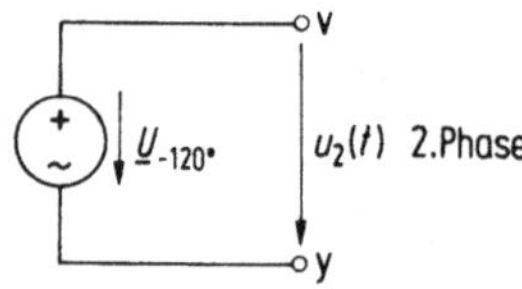

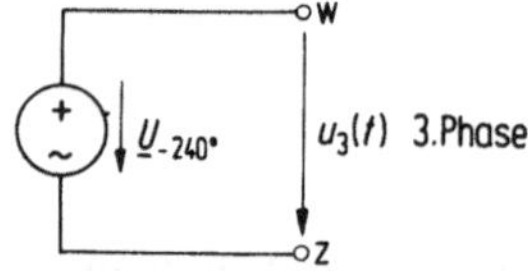

Bild 5.26. Drei Quellen des Dreiphasensystems

Das Oszillogramm wird im Bild 5.27 gezeigt.

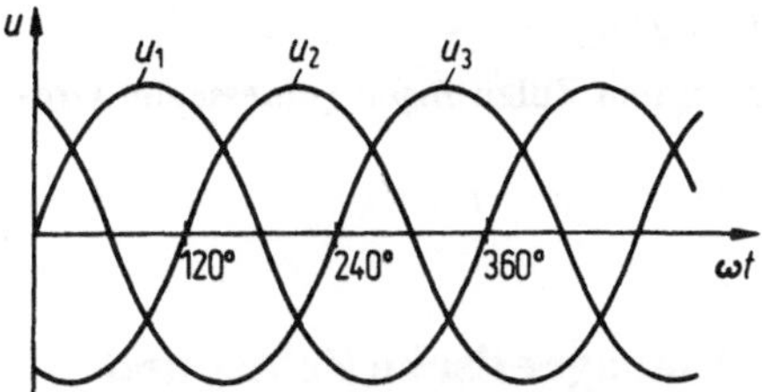

Bild 5.27. Die drei Spannungsverläufe

Die drei Spannungen können auch im Zeigerdiagramm dargestellt werden (Bild 5.28).

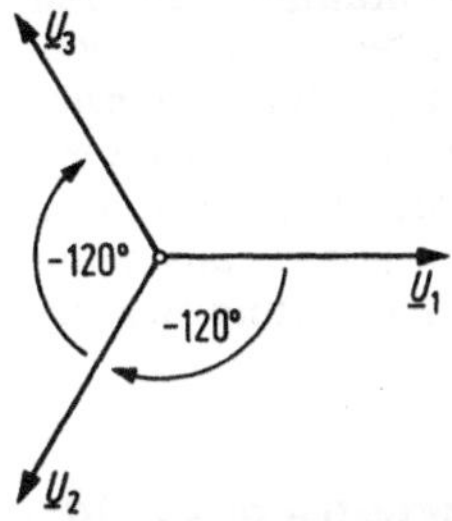

Bild 5.28. Zeigerdiagramm für das Dreiphasensystem

Es existieren nun zwei grundsätzliche Möglichkeiten für das Zusammenschalten der drei Quellen: Serieschaltung und „Parallelschaltung". Für beide Schaltungen soll hier nur der Fall einer symmetrischen Belastung mit drei gleich großen Widerständen diskutiert werden.

Serieschaltung (Dreieckschaltung, △, Bild 5.29).

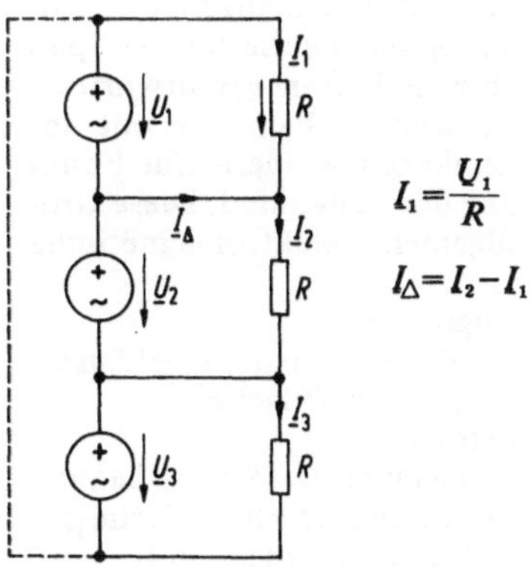

$$\underline{I}_1=\frac{\underline{U}_1}{R}$$

$$\underline{I}_\Delta=\underline{I}_2-\underline{I}_1$$

Bild 5.29. Serieschaltung bei symmetrischer Last

Dabei werden die drei Quellen in Serie geschaltet, wofür nur drei Leiter erforderlich sind, da die Summe der drei Spannungen null ist (Bild 5.30).

Bild 5.30. Zeigerdiagramm der Spannungen

Bei symmetrischer Belastung mit reinen Widerständen fließt in jeder der drei Leitungen ein Strom $I\sqrt{3}$ (Bild 5.31), z.B.

$$I_2-I_1=I_\Delta$$

$$I_1=I_2=I$$

$$I_\Delta=I\sqrt{3}$$

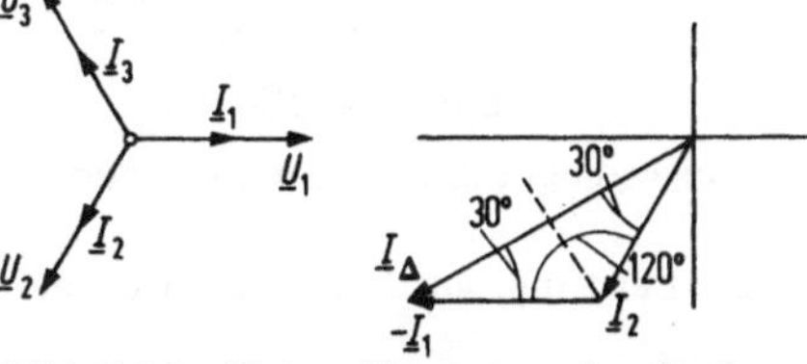

Bild 5.31. Zeigerdiagramm der Ströme

Die totale Leistung, an den Elementen gemessen, ist

$$P=3RI^2=3\frac{U^2}{R}=3UI.$$

Darstellung als Dreieck: Bild 5.32.

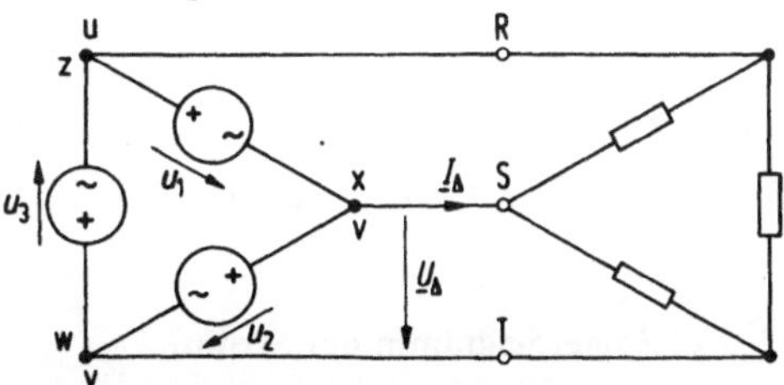

Bild 5.32. Dreieckdarstellung der Serieschaltung

Mit den an den Zuleitungen gemessenen Größen U_Δ und I_Δ ergibt sich für die Leistung für $U_\Delta=U$ und $I_\Delta=I\sqrt{3}$

$$P=\sqrt{3}\,U_\Delta I_\Delta.$$

„Parallelschaltung" (Sternschaltung, ⅄, Bild 5.33)

Dabei sind die drei Quellen an einem gemeinsamen Punkt verbunden. Das Zeigerdiagramm zeigt Bild 5.34.

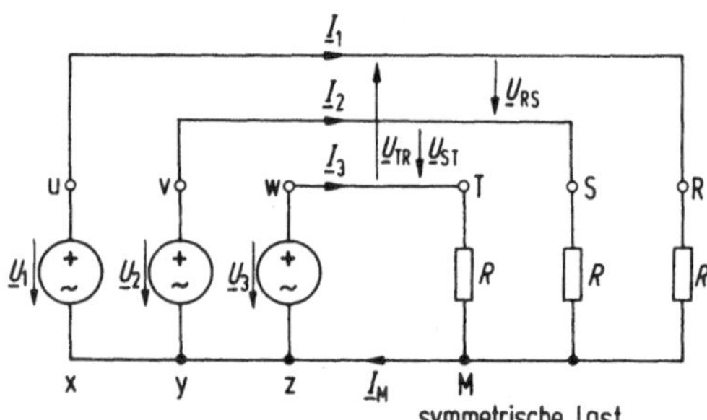

Bild 5.33. „Parallelschaltung" mit symmetrischer Last

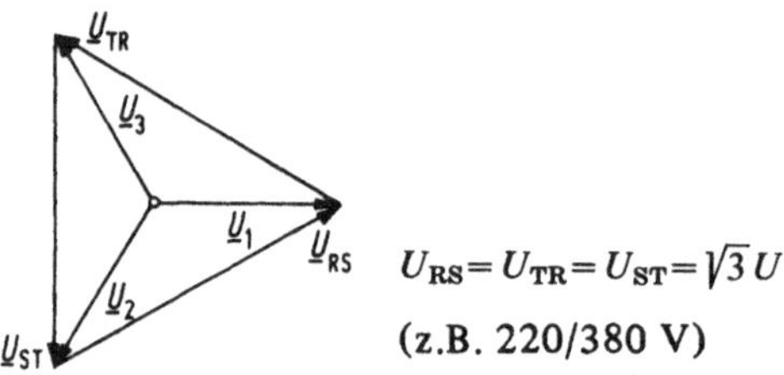

$U_{RS} = U_{TR} = U_{ST} = \sqrt{3}\,U$

(z.B. 220/380 V)

Bild 5.34. Zeigerdiagramm der Spannungen

Die totale Leistung, an den Elementen gemessen, ist

$$P = 3\frac{U^2}{R} = 3RI^2 = 3UI.$$

Bei symmetrischer Last ergibt sich für die Ströme das Zeigerdiagramm Bild 5.35.

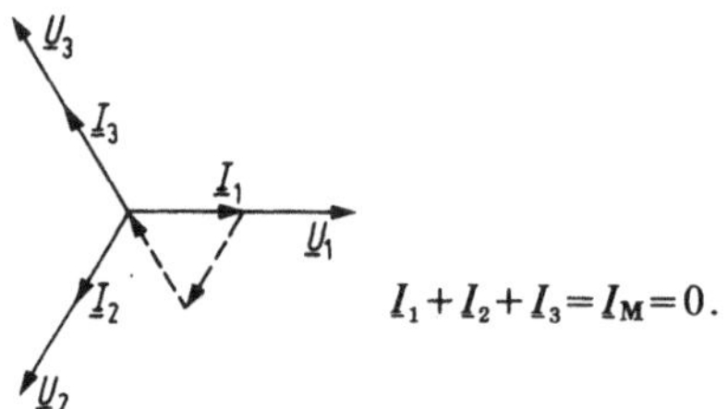

$$\underline{I}_1 + \underline{I}_2 + \underline{I}_3 = \underline{I}_M = 0.$$

Bild 5.35. Zeigerdiagramm der Ströme

Der Masseleiter könnte dann auch hier weggelassen werden.

Sterndarstellung: Bild 5.36.

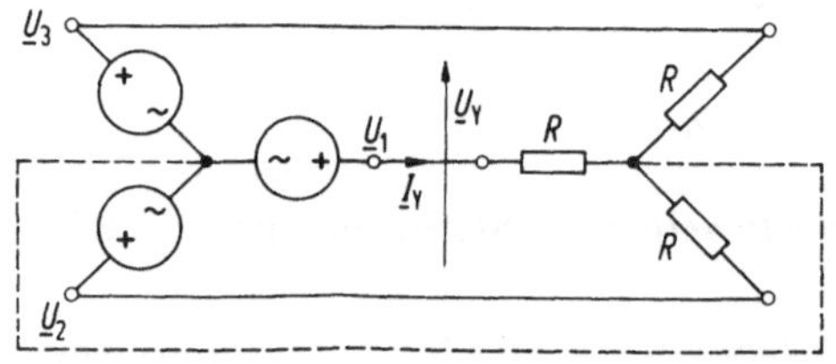

Bild 5.36. Sterndarstellung der „Parallelschaltung"

Totale Leistung:

$$P = 3UI = \sqrt{3}\,U_{\curlywedge}\, I_{\curlywedge}$$

mit den an den Zuleitungen gemessenen Größen

$$U_{\curlywedge} = \sqrt{3}\,U \quad \text{und} \quad I_{\curlywedge} = I.$$

6 Elektromagnetische Felder und reale Komponenten

Bisher wurden die elektrischen Komponenten (Widerstand R, Kapazität C, Induktivität L) als ideal und gegeben angenommen. Es soll nun der Vollständigkeit halber noch angegeben werden, wie reale Komponenten dimensioniert werden und welche nicht-idealen Eigenschaften sie aufweisen. Vorbedingung hierzu ist die Kenntnis der wichtigsten physikalischen Grundgesetze zur Beschreibung elektromagnetischer Vorgänge.

6.1 Elektrisches und magnetisches Feld

Wie schon in Abschnitt 1.1 ausgeführt wurde, können die Komponenten elektrischer Netzwerke in zwei Hauptklassen unterteilt werden: energiewandelnde (Widerstand R) und energiespeichernde (Kapazität C und Induktivität L). Die entsprechenden Gesetze wurden hergeleitet zu

$$P_R = Ri^2; \quad W_C = \frac{Cu^2}{2}; \quad W_L = \frac{Li^2}{2}.$$

Nachdem die Energieumwandlung elektrisch-thermisch im Widerstand eine mit dem Leitungsmechanismus zusammenhängende Eigenschaft ist, müssen logischerweise für die Speicherung andere Eigenschaften verantwortlich sein, insbesondere solche, die nicht mit der Leitung zusammenhängen, sondern eine Funktion der Umgebung der Leiter sind. Diese Größen werden allgemein elektromagnetische Feldgrößen genannt:

- elektrische Feldgrößen:
  elektrische Feldstärke E [Spannung/Länge],
  Verschiebung D [Ladung/Fläche];
- magnetische Feldgrößen:
  magnetische Feldstärke H [Strom/Länge],
  Induktion B [magnetischer Fluß/Fläche];
- vergleichbare Größen im Widerstand:
  elektrische Feldstärke E [Spannung/Länge],
  Stromdichte j [Strom/Fläche].

Zwischen den einzelnen Größen bestehen die in Tabelle 6.1 angegebenen Zusammenhänge:

Tabelle 6.1. Feldgrößen und Komponenten

Feld	Größen	Komponente
$j=\sigma E$	Leitfähigkeit σ Widerstand R Leitwert $G=1/R$	$I=GU=U/R$
$D=\varepsilon E$	Dielektrizitätskonstante $\varepsilon=\varepsilon_0\varepsilon_r$ $\varepsilon_0=8{,}85\,\text{pF/m}$ ε_r materialabhängig Kapazität C	$Q=CU$
$B=\mu H$	Induktionskonstante $\mu=\mu_0$ $\mu=\mu_0\mu_r$ $\mu_0=1{,}25\,\mu\text{H/m}$ μ_r materialabhängig Windungszahl n Induktivität L	$\Phi=n\Psi=LI$

Da das elektrische Feld E dem Gradienten der Spannung entspricht, läßt sich die zwischen zwei Punkten 1 und 2 liegende Spannung U_{12} ermitteln aus

$$U_{12}=-\int_1^2 E\,\mathrm{d}x$$

bzw., bei konstantem Feld E, aus

$$U_{12}=E\,l_{12}.$$

Zwischen dem magnetischen Feld H und dem es erzeugenden elektrischen Strom I besteht nach Ampere der Zusammenhang (Bild 6.1)

$$\oint H\,\mathrm{d}l=I.$$

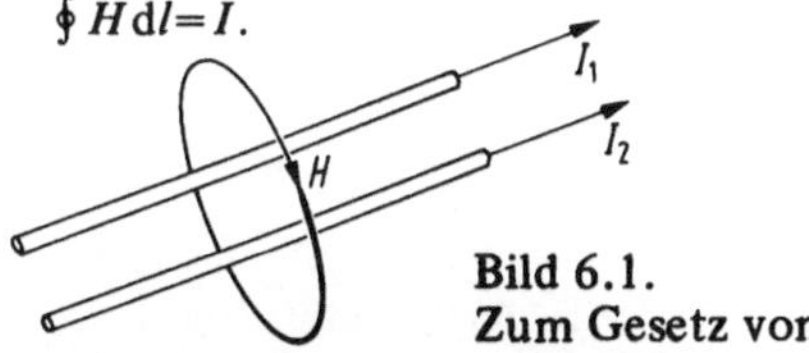

Bild 6.1. Zum Gesetz von Ampere

Im Falle von Bild 6.1. gilt z.B.

$$\oint H\,\mathrm{d}l=I_1+I_2$$

Die Richtung von H bestimmt sich nach der Rechte-Hand-Regel: Wenn die Finger den Leiter umfassen und der Daumen in Stromflußrichtung zeigt, dann zeigen die Fingerspitzen in Richtung des Feldes H.

6.2 Berechnung von Komponenten

Widerstand R

Für den elektrischen Stromfluß (Stromdichte j) in einem elementaren Leiterabschnitt sind zwei Größen maßgebend: vom Material her die Leitfähigkeit σ (Angabe über die Reibung, welche die bewegten Ladungsträger überwinden müssen und wieviel bewegliche Ladungsträger vorhanden sind); von der elektrischen Seite her das elektrische Feld E (Angabe über die Energiedifferenz pro Wegeinheit zwischen zwei Punkten).
Vergleiche hierzu auch Bild 6.2.

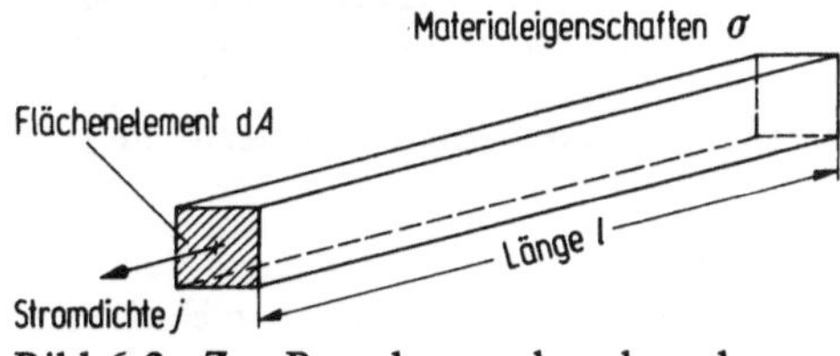

Bild 6.2. Zur Berechnung des ohmschen Widerstandes

Für einen Körper der Fläche A und der Länge l gilt also

$I=jA$, *exakt:* $I=\int j\,\mathrm{d}A$,

$U=El$, *exakt:* $U=\int E\,\mathrm{d}l$.

Ein Vergleich von $j=\sigma E$ und $I=U/R$ ergibt dann

$$R=\frac{l}{\sigma A}=\frac{\varrho l}{A}.$$

Die Leitfähigkeit σ und ihr Kehrwert ρ sind für einige Materialien in Tab. 6.2 angegeben.

Tabelle 6.2. Widerstandseigenschaften einiger Materialien

	σ in $\text{m}/(\Omega\text{mm}^2)$	ϱ in $\Omega\text{mm}^2/\text{m}$	α in $10^{-3}\,\text{K}^{-1}$
Silber	62,5	0,016	~4
Kupfer	56	0,0178	~4
Aluminium	35	0,0286	~4
Messing	~12	~0,08	1,5
Neusilber	3,33	0,3	~0,3
Manganin	2,3	0,43	0,01
Konstantan	2	0,5	−0,03

Wichtigste Störgröße des elektrischen Widerstands ist seine Temperaturabhängigkeit, die durch den Temperaturkoeffizienten α beschrieben wird. Für nicht zu große Temperaturänderungen $\Delta\vartheta$ (Größenordnung 100 bis 150 K) gilt in guter Näherung mit R_0 als Widerstand bei der Bezugstemperatur

$$R\approx R_0(1+\alpha\Delta\vartheta).$$

Widerstände aus den üblichen reinen Metallen ändern demzufolge ihren Wert um ca. 4°/oo K^{-1}, Legierungen erreichen wesentlich kleinere Werte (hochkonstante Widerstände). In den meisten Fällen stört die Temperaturabhängigkeit des Widerstandes wenig.

Legierungen aus nichtmetallischen Materialien (Halbleiter) weisen wesentlich komplexere, im allgemeinen abschnittweise exponentielle, Temperaturabhängigkeiten mit äußerst großen Widerstandsänderungen auf (NTC: negative temperature coefficient –, PTC: positive temperature coeffizient – Widerstände).

Kapazität C

Aus dem prinzipiellen Aufbau technischer Kondensatoren (zwei lange, leitende Bänder mit einer dazwischenliegenden Isolierschicht, Bild 6.3) läßt sich die Kapazität C sehr einfach berechnen.

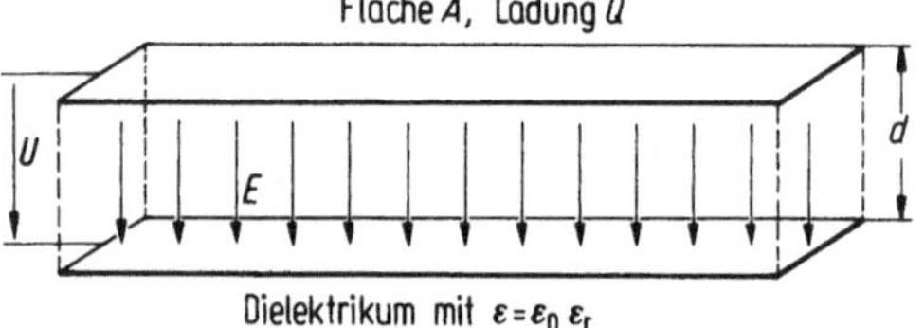

Bild 6.3. Zur Berechnung der Kapazität

Zwischen der dielektrischen Verschiebung D und der Ladung Q besteht (analog wie bei der Stromdichte j und der Stromstärke I) die Beziehung $Q = D\,A$, exakt: $Q = \int D dA$.

Mit $U = Ed$ ergibt der Vergleich von Feldgleichung und daraus abgeleiteter Komponentengleichung

$$C = \frac{\varepsilon A}{d}.$$

Die materialabhängige Dielektrizitätszahl ϵ_r liegt im Bereich 1 (Vakuum) über 2 (übliche Isolierstoffe wie Teflon, Mylar usw.), 81 (reines H_2O) bis 3000 (spezielle Halbleiter wie $BaTi(O_3)$.

Die Hauptabweichung technischer Kondensatoren von der idealen Kapazität C liegt im nicht unendlich großen spezifischen Widerstand des Dielektrikums, wodurch ohmsche Stromanteile entstehen. Die Ersatzschaltung für einen realen Kondensator zeigt Bild 6.4. Der Verlustwiderstand wird durch den frequenzabhängigen Verlustwinkel δ bzw. durch ($\tan\delta$) beschrieben und beträgt $10^4/\omega C$ bis $10^6/\omega C$.

Die maximal erreichbare Kapazität liegt, je nach zulässiger Betriebsspannung, bei einigen

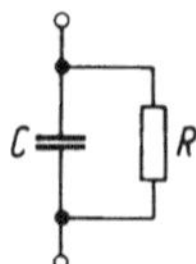

Bild 6.4. Ersatzschaltbild des realen Kondensators

Mikrofarad (10^{-6} F). Für größere Kapazitätswerte in einem „vernünftigen" Volumen werden Elektrolytkondensatoren verwendet, bei denen das Dielektrikum durch eine polarisierte Schicht in einem Elektrolyten ersetzt wird (d sehr klein). Elektrolytkondensatoren können nicht mit Wechselspannungen, sondern nur mit einer Gleichspannung betrieben werden, wobei allenfalls eine kleine überlagerte Wechselspannung zulässig ist.

Induktivität L

Die Berechnung von Induktivitäten ist – insbesondere in Anwesenheit von ferromagnetischen Materialien – wesentlich schwieriger als die von Widerständen oder Kapazitäten, da das magnetische Feld immer in sich geschlossen ist und nur die Integration über einen geschlossenen Kurvenzug (s. Amperesches Gesetz) zu Resultaten führt. Deshalb soll hier nur eine angenäherte Berechnung, hergeleitet am Beispiel einfacher Strukturen, angegeben werden.

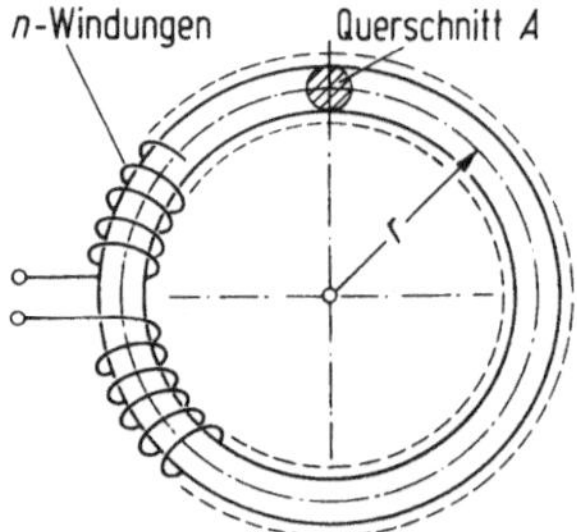

Bild 6.5. Ringspule

Bei der Ringspule, auch Toroid genannt, tritt eine nennenswerte magnetische Feldstärke nur im Innern der Spule auf, außerhalb ist das Feld praktisch null. Damit läßt sich die Feldstärke H einfach bestimmen. Mit dem mittleren Radius r und der Windungszahl n gilt

$$\oint H\,dl = H\,2\pi r = n\,I,$$

$$H = \frac{n\,I}{2\pi r},$$

$$B=\mu H=\frac{\mu_0 n I}{2\pi r}\ (\mu_r=1 \text{ für Luft}),$$

$$\Psi=BA=\frac{\mu_0 n A}{2\pi r} I.$$

Damit läßt sich nun die Induktivität L dieser Spule bestimmen:

$$\Phi=n\Psi=LI,$$

$$\Phi=\frac{\mu_0 n^2 A}{2\pi r} I,$$

$$L=\frac{\mu_0 n^2 A}{2\pi r}.$$

Es tritt hier ein ähnlicher Term auf wie bei der Bestimmung des elektrischen Widerstandes bzw. der Kapazität, nämlich die Größe $\mu_0 A/l$, wobei l die Länge der magnetischen Feldlinien bedeutet. Aus Analogiegründen setzt man hierfür oft den Ausdruck „magnetischer Leitwert" oder, für den Kehrwert, „magnetischer Widerstand" R_μ.

Für den allgemeinen Fall ($\mu_r \neq 1$) gilt sinngemäß

$$R_\mu=\frac{l}{\mu A};\quad \mu=\mu_0\mu_r,$$

$$\Psi=\frac{nI}{R_\mu}$$

(Analogie $\Psi \to I$, $nI \to U$, $R_\mu \to R$). Für die Induktivität gilt dann

$$L=\frac{n^2}{R_\mu}.$$

Besteht das Innere der Toroidspule nicht aus einem homogenen Material, sondern aus Abschnitten verschiedener Permeabilität und/oder verschiedenen Querschnittes, so kann mit der Bedingung

$$\Psi=\text{const.}$$

(es gibt nur geschlossene magnetische Flußlinien) weiterhin der Fluß ψ aus der Summe der einzelnen $R_\mu = l/\mu A$ bestimmt werden.

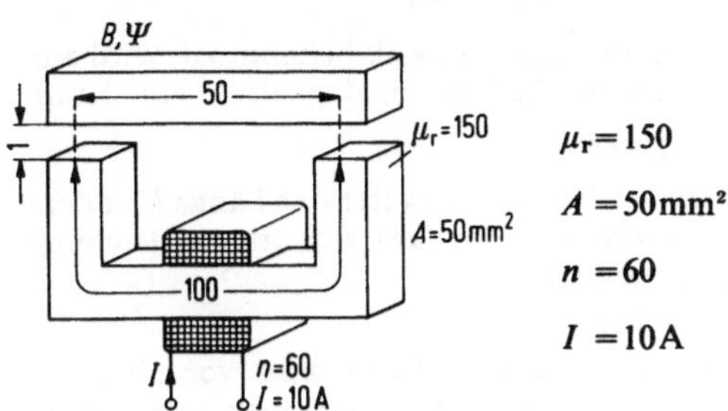

Bild 6.6. Zur Berechnung einer Induktivität

Damit können nun aber auch die magnetischen Eigenschaften beliebiger Strukturen relativ genau bestimmt werden. Beispiel: Berechnung der magnetischen Induktion B im Anker eines Zugmagneten (Bild 6.6).

$$R_\mu=R_\mu(\text{Fe}_1)+R_\mu(\text{Luftspalt})+R_\mu(\text{Fe}_2)$$

$$=\frac{1}{\mu_0}\left(\frac{100}{150\cdot 50}+\frac{2\cdot 1}{1\cdot 50}+\frac{50}{150\cdot 50}\right)\frac{1}{\text{mm}}$$

$$=4{,}8\cdot 10^{-7}\,\text{A/Vs}.$$

Damit wird

$$\Psi=\frac{nI}{R_\mu}=\frac{600\,\text{A Vs}}{4{,}8\cdot 10^7\,\text{A}}=1{,}25\cdot 10^{-5}\,\text{Vs},$$

$$B=\frac{\Psi}{A}=0{,}25\,\text{Vs/m}^2.$$

Als Nichtidealitäten der Spule sind zwei Störeffekte zu nennen: der ohmsche Widerstand R der Wicklung, der sich direkt berechnen läßt, und das reale Verhalten ferrromagnetischer Teile: Sättigung, Hysterese (Ummagnetisierungsverluste) und Wirbelstromverluste. Die Sättigung hat zur Folge, daß auch bei Vergrößerung des Stromes I die Induktion B nicht mehr nennenswert steigt. Damit wird die Induktivität L stromabhängig. Übliche Sättigungsinduktion für spezielle Eisenarten („Trafobleche") liegen bei ca. 1,0 bis 1,5 Vs/m^2. Die Hysterese, beruhend auf der Reibung der Elementarmagnete im ferromagnetischen Material, bewirkt bei jeder Flußänderung die Vernichtung einer gewissen Energie im Eisenkern. Diese Verluste werden gewöhnlich für sinusförmige Spulenströme angegeben und betragen je nach Aussteuerung (maximale Induktion) etwa 0,1 bis 4 W/kg.

Wirbelstromverluste entstehen, weil Feldänderungen im Eisenkern entsprechend $d\Phi/dt$ eine induzierte Spannung in einem geschlossenen Leiter (Volumen des Eisenkerns) erzeugen, so daß ein entsprechender Kurzschlußstrom auftritt. Auch hierfür muß die Energie aus dem Speisekreis bezogen werden.

Die Wirbelströme und damit die Verluste können reduziert werden durch Erhöhung des Widerstandes des Eisenkerns: Blechung des Kerns (voneinander isolierte Bleche von 0,1

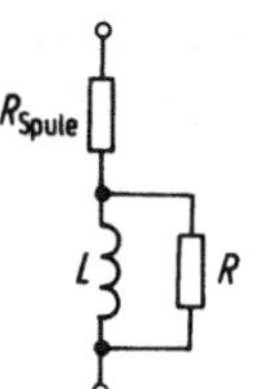

Bild 6.7. Ersatzschaltbild der realen Spule („Eisendrossel")

bis 1 mm Dicke), spezielle Materialien (Ferrite, Sättigungsinduktion maximal 0,5 Vs/m²).

Das Ersatzschema der realen Spule zeigt Bild 6.7.

6.3 Kraftwirkungen im elektromagnetischen Feld

In Abschnitt 1.1 wurde hergeleitet, daß Induktivität und Kapazität elektrische Energiespeicher sind mit den Energieinhalten $CU^2/2$ bzw. $LI^2/2$. Diese Energien sind nun im Volumen der Bauelemente gespeichert, so daß eine Veränderung ihres Volumen entsprechende Energieänderungen und damit mechanische Kräfte zur Folge hat.

Eine weitere Möglichkeit für eine Kraftwirkung folgt aus dem Gesetz, daß jeder Stromfluß mit einem Magnetfeld verknüpft ist. Demnach wird auch auf einen stromdurchflossenen Leiter in einem Magnetfeld eine Kraft ausgeübt (Gesetz von Biot-Savart).

Kraftwirkungen im magnetischen Feld

Die Kraftwirkungen im magnetischen Feld lassen sich sehr einfach aus dem Energieinhalt $W_L = LI^2/2$ der Spule herleiten (Bild 6.8).

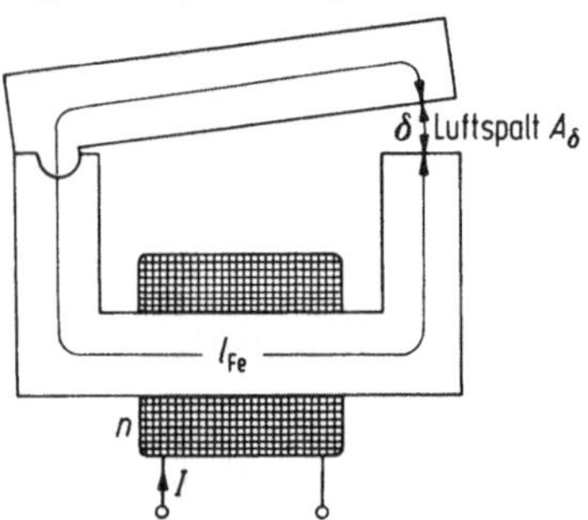

Bild 6.8. Zur Berechnung der Kraftwirkung im magnetischen Feld

In der angegebenen Anordnungsfolge für L gilt

$$L = \frac{n^2}{R_\mu(\text{Fe}) + R_\mu(\delta)}$$

Eine Änderung des Luftspaltes hat bei sonst konstanten Größen eine Änderung von L und somit auch von W_L zur Folge, so daß damit eine Kraftwirkung $F = dW/d\delta$ verbunden sein muß.

$$W_L = \frac{n^2 I^2}{2(R_\mu(\text{Fe}) + R_\mu(\delta))}$$

$$F = \frac{dW_L}{d\delta} = -\frac{n^2 I^2}{2(R_\mu(\text{Fe}) + R_\mu(\delta))^2} \frac{dR_\mu(\delta)}{d\delta}.$$

Da

$$\Psi = \frac{nI}{R_\mu}$$

und l_{Fe} und damit R_μ (Fe) konstant ist, gilt

$$R_\mu(\delta) = \frac{\delta}{\mu_0 A_\delta},$$

woraus

$$F = -\frac{\Psi^2}{2} \frac{1}{\mu_0 A_\delta}$$

folgt. Bezeichnet $B = \psi/A_\delta$ die Induktion im Luftspalt, so ergibt sich weiter für die Kraft

$$F = -\frac{B^2}{2\mu_0} A_\delta$$

und für die Kraft pro Flächeneinheit

$$p = -\frac{B^2}{2\mu_0} = -\frac{1}{2} HB.$$

Das Minuszeichen deutet darauf hin, daß die Kraft so gerichtet ist, daß der Luftspalt verkleinert wird. Setzt man den Zahlenwert für μ_0 ein und verwendet für die Induktion die Einheit Gauss (1 G = 10^{-8} Vs/m², so folgt eine einfache Zahlenwertgleichung:

$$p = \left(\frac{B}{5\,\text{kG}}\right)^2 \frac{\text{kp}}{\text{cm}^2}.$$

Mit den maximal möglichen Induktionen von etwa 15 kG sind damit maximale Kräfte von rund 9 kp/cm² möglich.

Kraftwirkungen im elektrischen Feld

Die Kraftwirkungen im elektrischen Feld können, ausgehend vom Energieinhalt der Kapazität, ähnlich hergeleitet werden wie diejenigen im Magnetfeld. Es folgt

$$p = \frac{1}{2} \varepsilon E^2 = \frac{1}{2} ED.$$

Diese Kräfte sind um Größenordnungen kleiner als diejenigen im Magnetfeld, so daß sie technisch nur für Spezialprobleme interessant sind.

Gesetz von Biot-Savart

Wie schon aus der Physik bekannt ist, wird auf eine bewegte Ladung im Magnetfeld eine Kraft

$$\vec{F} = q(\vec{v} \times \vec{B})$$

ausgeübt. Für einen Leiter der Länge l, in dem der Strom I fließt, läßt sich diese Gleichung umformen zu

$$\vec{F} = I(\vec{l} \times \vec{B}).$$

Von dieser Kraftwirkung wird vor allem in elektrischen Maschinen Gebrauch gemacht (s. Teil B).

B Energietechnik

1 Bedeutung und Gliederung

Unter den Begriff „Energietechnik" fallen in der Elektrotechnik die Problemkreise, welche die Erzeugung, Verteilung und Umformung der elektrischen Energie umfassen. Eine exakte Abgrenzung zur Elektronik und Nachrichtentechnik („Schwachstromtechnik") ist nicht auf einem energetischen Niveau, sondern eher in der Anwendungsorientierung zu suchen: In der Energietechnik wird elektrische Energie zur Verfügung gestellt oder Arbeit geleistet, in der Schwachstromtechnik werden in erster Linie Informationen verarbeitet, welche dann unter Umständen Energieflüsse steuern.

Aus thematischen Gründen kann folgende Unterteilung vorgenommen werden:

- *Anlagentechnik:* Erzeugung und Verteilung der elektrischen Energie, Sicherheitsprobleme;
- *Umrichtertechnik:* Umformung der elektrischen Energie in andere Erscheinungsformen (zur Zeit vor allem Stromrichtertechnik);
- *Anwendungstechnik:* Umformung der elektrischen Energie in thermische (Heizung), mechanische (Antriebstechnik), optische (Beleuchtung), chemische (Elektrolyse) usw. Im vorliegenden Rahmen soll primär die Antriebstechnik besprochen werden.

2 Anlagentechnik

2.1 Struktur des Netzes

Unter einer elektrischen Anlage werden die einzelnen Teile eines elektrischen Netzes verstanden, wie sie in Bild 2.1 angegeben sind.

Im Kraftwerk wird irgendeine Form von Primärenergie (thermisch, hydraulisch, nuklear usw.) in einer Gruppe Turbine – Generator in elektrische Energie umgeformt. Aus praktischen Erwägungen wird fast ausschließlich dreiphasiger Wechselstrom mit einer Frequenz von 50 Hz (USA 60 Hz) für das allgemeine öffentliche Netz (Industrie, Haushalte) erzeugt. (Abweichungen sind selten und primär historisch bedingt, so z.B. das einphasige 16 $^2/_3$-Hz-Netz einiger Bahnen.)

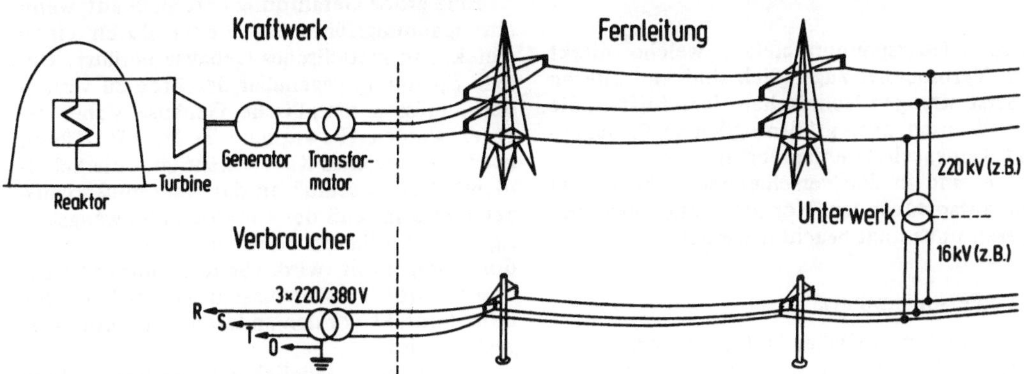

Bild 2.1. Struktur des elektrischen Netzes

Wechselstrom wird verwendet, da er in Transformatoren mit praktisch ideal gutem Wirkungsgrad auf beliebige Spannungswerte transformiert und somit den Bedürfnissen der Verbraucher angepaßt werden kann. Dreiphasiger Wechselstrom wird bevorzugt, weil dabei besonders einfache elektrische Motoren gebaut werden können.

Kraftwerke liegen gewöhnlich ziemlich weit entfernt von den Verbrauchern, so daß Fernleitungen erforderlich sind. Da einerseits sehr hohe Leistungen P (einige 100 MW pro Kraftwerk) transportiert werden müssen, andererseits aber die Spannungsverluste

$$\Delta U = R_{\text{Leitungen}} \cdot I = R_{\text{Leitungen}} \cdot P/U$$

bei geringstmöglichem Leiterquerschnitt sehr klein gehalten werden sollen, wird eine möglichst hohe Spannung U verwendet. Übliche Spannungen sind 110 kV, 220 kV, 380 kV sowie, versuchsweise, 500 kV, 750 kV.

Um eine stetige Energieversorgung zu sichern, sind die von den einzelnen Kraftwerken kommenden Leitungen an mehreren Punkten (auch grenzüberquerend) zusammengefaßt. Von hier aus wird auch die von den einzelnen Kraftwerken abzugebende Leistung gesteuert.

In der Nähe der Verbraucherzentren wird, vor allem aus sicherheitstechnischen Gründen, auf eine kleinere Spannung transformiert (üblich sind 50 kV, 16 kV, 11 kV). Mit dieser Spannung werden dann die einzelnen Wohnbezirke oder Großverbraucher (Industrie, Krankenhäuser usw.) versorgt. Zum einzelnen Verbraucher gelangen dann über eine weitere Umformstation die relativ niederen Spannungen von 220/380 V bzw. 500 V Dreiphasenstrom.

2.2 Sicherheitsprobleme

Diese Niederspannungsnetze, welche direkt dem Verbraucher zugänglich sind, unterliegen äußerst strengen technischen Vorschriften, die dem Wunsch nach größtmöglichem Personen- und Sachenschutz entsprechen.

Sie sind in den verschiedenen Ländern in den entsprechenden Normen aufgeführt und müssen unbedingt beachtet werden.

2.2.1 Personenschutz

Auf Grund statistischer Untersuchungen steht fest, daß Spannungen bis 50 V für einen gesunden Erwachsenen im allgemeinen ungefährlich sind. Spannungen über 100 V führen in sehr vielen Fällen zu schweren Verbrennungen und tödlichem Herzkammerflimmern. Aus diesem Grunde müssen alle stromführenden Teile so abgedeckt sein, daß eine unwillentliche Berührung ausgeschlossen ist (Isolation).

Aus betrieblichen Gründen ist in den dreiphasigen Versorgungsnetzen stets der Nullpunkt (Sternpunkt) geerdet, bei einphasigen Systemen (elektrische Bahnen, Straßenbahn) ein Pol. Der Stromkreis kann somit auf zwei Arten geschlossen werden:

- Berühren von zwei Leitern mit dem Körper (zum Beispiel gleichzeitiges Anfassen von zwei Polleitern);
- Berühren nur eines Leiters, wobei sich der Stromkreis über die Erde (zum Beispiel Wasserleitung oder ähnliches) schließt.

Diese beiden Berührungsarten müssen durch konstruktive Maßnahmen ausgeschlossen werden. Ein Beispiel hierfür sind die normalen Geräteanschlüsse, bei denen die Steckerstifte immer am Verbraucher angebracht sind, die Anschlußstelle, die unter Spannung steht, ist immer eine Buchse.

Eine Ausnahme bilden Laboraufbauten, bei denen aus technischen Gründen sowohl Quelle wie Verbraucher mit Buchsen ausgerüstet sind; die Verbindung wird mit Kabeln ausgeführt, welche beidseitig Stifte (Bananenstecker) tragen. Hier ist

- die Schaltung nur stromlos (Quelle ausgeschaltet) aufzubauen oder zu modifizieren;
- immer zuerst das Kabel an den Verbraucher anzuschließen und erst danach in die Buchse der Quelle einzuführen.

Einen gewissen Schutz gegen Erdschluß-Unfälle bieten Isoliertransformatoren, mit welchen das Netz galvanisch vom Verbraucher getrennt wird: Eine direkte Verbindung Polleiter – Nullpunkt besteht dann nicht mehr.

Eine große Gefährdung tritt auch auf, wenn ein spannungsführender Leiter durch einen Defekt ein metallisches Gehäuse berührt: Um jede Spannung gegenüber der Erde zu verhindern, müssen metallische Gehäuse sicher geerdet werden (bewegliche Teile, z.B. Türen, über ein spezielles Kabel, nicht über die Scharniere). Der Anschluß an das Netz muß so ausgebildet sein, daß der Erdanschluß zwangsläufig beim Einführen des Steckers in die Steckdose hergestellt wird (Schutzkontakt-Steckdosen), wobei es erwünscht ist, daß der Erdungskontakt vor den anderen Kontakten hergestellt wird.

Eine weitere Möglichkeit zur Vermeidung von Berührungsunfällen wegen Isolationsdefekten bieten die doppelt isolierten Gehäuse, bei denen auch im Falle eines Defektes keine Spannung an normalerweise berührbare Teile gelangt. Ganz allgemein soll man nur Geräte verwenden, die das Prüfzeichen des zuständigen Elektrotechnischen Vereins (VDE, SEV, OeEV ...) tragen.

2.2.2 Anlagenschutz

Die Leitungen in Verbraucheranlagen werden aus Kostengründen stets mit einem möglichst geringen Querschnitt A ausgeführt. Da nun der Stromfluß in diesen Leitern immer gewisse Verluste

$$P_V = R I^2 = \frac{\varrho l}{A} I^2$$

und damit eine Erwärmung zur Folge hat, muß die Stromstärke begrenzt werden. Sie ist für die meistverwendeten gummi- oder thermoplastisolierten Kupferleiter in Tab. 2.1 angegeben und stimmt mit dem zum Leiterschutz vorgeschalteten Überstromunterbrecher (z.B. Sicherung) überein.

Tabelle 2.1. Leiterquerschnitt und zugehöriger Nennstrom (gemäß SEV-Normen)

Maximale Nennauslösestromstärke des vorgeschalteten Überstromunterbrechers [A]	Minimaler Leiterquerschnitt in Räumen mit normaler Temperatur bis 30 °C [mm²]
≦ 6	1
≦ 10	1,5
≦ 15	2,5
≦ 20	4
≦ 25	6
≦ 40	10
≦ 60	16
≦ 80	25
≦ 100	35
≦ 125	50
≦ 150	70
≦ 200	95

Schmelzeinsatz

Der Schmelzeinsatz („Sicherung") ist schematisch in Bild 2.2 dargestellt. Wird an der verdünnten Stelle des Schmelzeinsatzes infolge eines Überstroms zuviel Wärme entwickelt, so schmilzt diese durch. Der Strom wird jetzt durch den Hilfsdraht geführt, der aber infolge seines hohen Widerstandes schnell heiß wird und ebenfalls durchschmilzt. Der Strom wird auf diese Weise weniger schnell unterbrochen, und die bei induktiver Last entstehende Überspannung kann etwas reduziert werden. Ist auch der Hilfsdraht durchgeschmolzen, so ist der Stromfluß unterbrochen und somit die Anlage vor Überstrom geschützt. Die Sandfüllung dient in erster Linie zur Kühlung und damit Löschung eines eventuellen Lichtbogens.

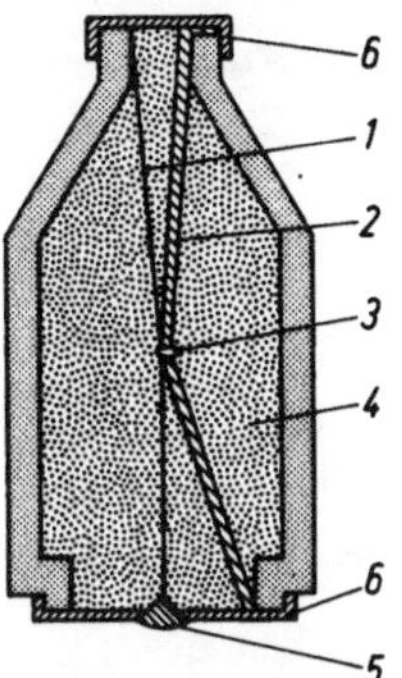

Bild 2.2. Schmelzeinsatz.
1 Hilfsdraht mit hohem Widerstand.
2 Schmelzeinsatz.
3 Abschmelzstelle.
4 Quarzsand (verhindert Lichtbogen).
5 Vom Hilfsdraht gehaltener Farbkopf.
6 Anschlußkappen

Schutzschalter

Sicherungen besitzen den großen Nachteil, daß sie nach einmaligem Ansprechen nicht mehr verwendet werden können. Sind häufig kurzzeitige Überströme zu erwarten, so werden mit Vorteil Schutzschalter (auch „Automaten" genannt) verwendet. Sie bestehen aus einem normalen ein- oder mehrpoligen Schalter, der gegen eine Federkraft geschlossen und über eine Klinke im geschlossenen Zustand gehalten wird. Zum Abschalten kann die Klinke nun von Hand oder aber über einen Bimetallstreifen, der vom Strom durchflossen wird, betätigt werden. Die thermische Charakteristik kann den zu schützenden Anlageteilen gut angepaßt werden, wobei allerdings die Ansprechzeit auf Grund der thermischen Trägheit, unabhängig vom Strom, minimal ca. 1s beträgt.

Ist bei hohen Strömen eine schnellere Abschaltung notwendig, so kann zusätzlich eine magnetische Auslösung vorgesehen werden. Die typische Auslösecharakteristik (Stromstärke/Zeit bis zum Ansprechen des Schalters) ist in Bild 2.3 angegeben.

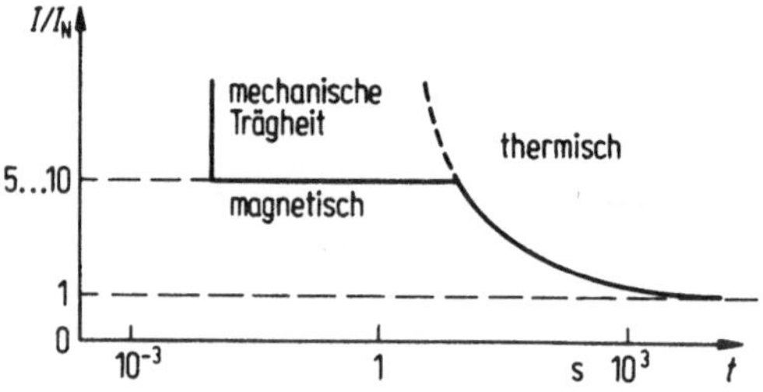

Bild 2.3. Auslösecharakteristik thermisch-magnetisch

3 Umrichtertechnik

Umrichter sind Verfahren und Geräte zur Umformung elektrischer Energie (Bild 3.1):

1. Veränderung der Amplitude von Wechselspannungen

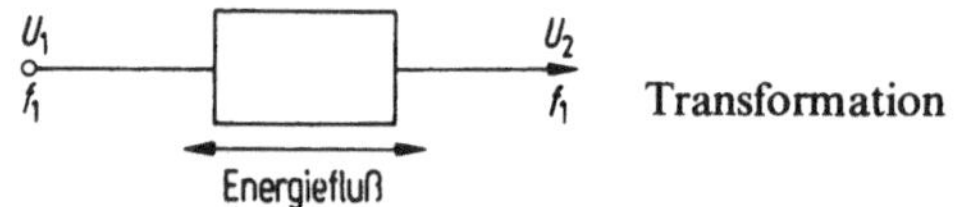

Transformation

2. Veränderung des Typus der elektrischen Energie

– Umformung von Wechselstrom in Gleichstrom

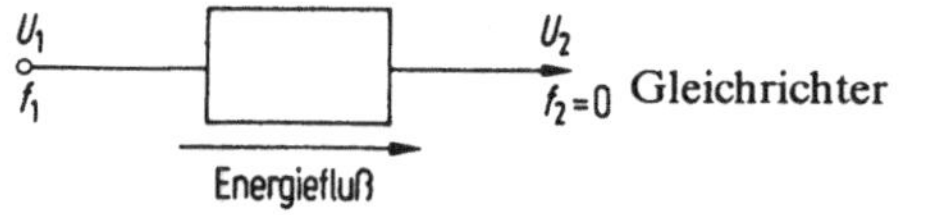

Gleichrichter

– Variable Umformung von Wechselstrom in Gleichstrom: die Amplitude der Gleichspannung ist variabel, der Energiefluß ist in beiden Richtungen möglich

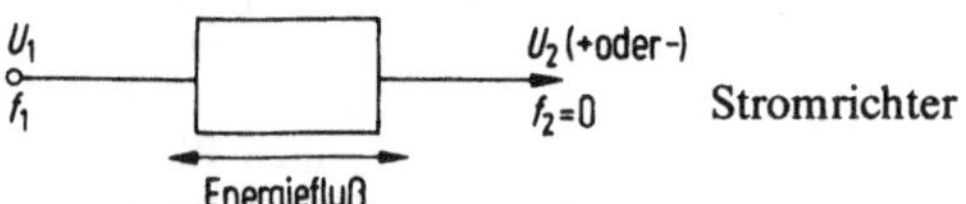

Stromrichter

– Umformung von Gleichstrom in Wechselstrom beliebiger Frequenz

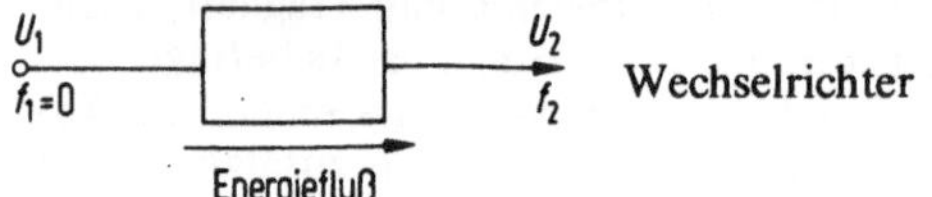

Wechselrichter

Bild 3.1. Umformungsmöglichkeiten

3.1 Transformator

Beim Transformator wird von der Möglichkeit Gebrauch gemacht, elektrischen Strom in ein magnetisches Feld und ein zeitlich veränderliches Magnetfeld in eine elektrische Spannung umzuformen. Die Grundstruktur eines Transformators ist in Bild 3.2 angegeben: Eine erste Wicklung (gespeiste Wicklung, Primärwicklung) und eine zweite Wicklung (Sekundärwicklung) sind auf einen zur Führung des magnetischen Flusses vorgesehenen ferromagnetischen Kern gewickelt.

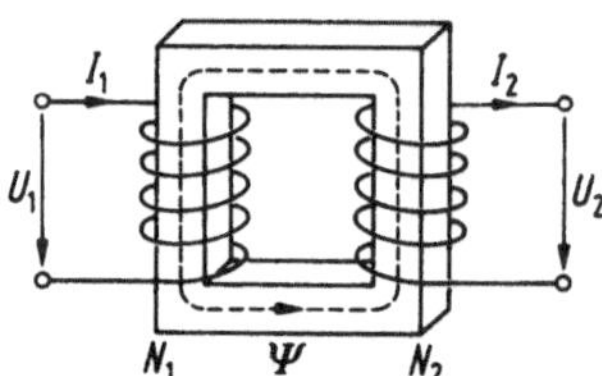

Bild 3.2. Transformator

u_2 wird vom Fluß ψ hervorgerufen, so daß aufgrund des Induktionsgesetzes gilt

$$u_2 = \frac{d\Phi}{dt} = N_2 \frac{d\Psi}{dt}, \quad \frac{d\Psi}{dt} = \frac{u_2}{N_2}.$$

Analog gilt auch für die Primärseite

$$u_1 = N_1 \frac{d\Psi}{dt}, \quad \frac{d\Psi}{dt} = \frac{u_1}{N_1}.$$

Da nun aber ψ und $d\psi/dt$ für beide Wicklungen gleich sind, gilt

$$\frac{d\Psi}{dt} = \frac{u_1}{N_1} = \frac{u_2}{N_2}$$

oder, mit den Effektivwerten,

$$\frac{U_2}{U_1} = \frac{N_2}{N_1} = \ddot{u}.$$

Das Spannungsübersetzungsverhältnis $\ddot{u}$ ist gleich dem Verhältnis der Windungszahlen.

Beim belasteten Transformator fließt ein Sekundärstrom I_2, der allerdings im idealen Transformator keinen Einfluß auf die Spannung U_2 hat (keine Spannungsabfälle in der Primär- oder Sekundärwicklung). Da in diesem idealisierten Fall auch keine Leistung verlorengeht, gilt $U_1 I_1 = U_2 I_2$.

Daraus folgt

$$\frac{I_2}{I_1} = \frac{N_1}{N_2} = \frac{1}{\ddot{u}}.$$

Das Stromübersetzungsverhältnis ist umgekehrt proportional zum Verhältnis der Windungszahlen.

Da man die letzte Gleichung auch

$$N_1 I_1 = N_2 I_2$$

schreiben kann, folgt: Die magnetischen Durchflutungen sind gleich groß und so gerichtet, daß sie sich gegenseitig aufheben.

Für den realen Transformator treffen diese Aussagen natürlich nur in beschränktem Maße zu; insbesondere die Bedingung der Gleichheit der magnetischen Flüsse ist nicht erfüllt: Es wird ein gewisser Magnetisierungsstrom I_μ dem speisenden Netz zusätzlich zum transformierten Sekundärstrom entnommen, so daß gilt

$$I_1 = I_2 N_2 / N_1 + I_\mu .$$

I_μ ist abhängig von der Größe des Transformators und beträgt im allgemeinen einige Prozent des primären Nennstromes I_{1N} des Transformators.

Auch die Sekundärspannung U_2 ist beim realen Transformator nicht mehr vom Strom unabhängig und konstant: Wegen des endlichen Widerstandes der Primär- und Sekundärwicklung treten ohmsche Spannungsabfälle auf; weil die magnetischen Flüsse von I_1 und I_2 nicht komplett identische Wege gehen (Streuflüsse), tritt ein sog. induktiver Spannungsabfall auf.

Anstatt nun Zahlenwerte für die absolute Größe der entsprechenden Impedanzen zu nennen, werden in der Transformatortechnik mit Vorliebe die (meßtechnisch einfach erfaßbaren) Werte der Kurzschlußspannung U_{cc} oder

$$e_{cc} = \frac{U_{cc}}{U_{1N}}$$

angegeben. Unter der Kurzschlußspannung U_{cc} wird dabei die Spannung U_1 verstanden, die, bei kurzgeschlossenem Sekundärkreis, im Primärkreis den Nennstrom I_{1N} zur Folge hat; gewöhnlich wird e_{cc} (in Prozent, bezogen auf Nennspannung U_{1N}) angegeben.

Für übliche Transformatoren ist e_{cc} von der Größenordnung 3 bis 10%. Aus ihr lassen sich einige wichtige Werte sofort herleiten:

- Spannungsdifferenz ΔU_2 zwischen Leerlauf ($I_2 = 0$, $U_2 = U_{20}$) und Nennbetrieb ($I_2 = I_{2N}$):

  $$\Delta U_2 = e_{cc} U_{20};$$

- Kurzschlußstrom ($U_2 = 0, I_2 = I_{2cc}$)

  $$I_{2cc} = I_{2N}/e_{cc} .$$

- Parallelgeschaltete Transformatoren teilen sich die abgegebene Leistung im Verhältnis der Kurzschlußspannungen auf, wobei der Transformator mit der höheren Kurzschlußspannung die kleinere Leistung abgibt.

Zur vollständigen Charakterisierung eines Transformators müssen also folgende Größen angegeben werden:

- Nennspannung primär U_{1N} ;
- Nennstrom primär I_{1N} bzw. Nennleistung $P_{1N} = U_{1N} I_{1N}$;
- Übersetzungsverhältnis $ü$ bzw. Nennspannung sekundär U_{2N} ;
- Kurzschlußspannung e_{cc} ;
- Betriebsfrequenz .

Neben dem normalen Einphasentransformator mit getrennten Primär- und Sekundärwicklungen gibt es Auto- oder Spartransformatoren, bei denen die Sekundärwicklung (oder die Primärwicklung, je nach Übersetzungsverhältnis) ein Abgriff auf einer einzelnen Wicklung ist (Bild 3.3).

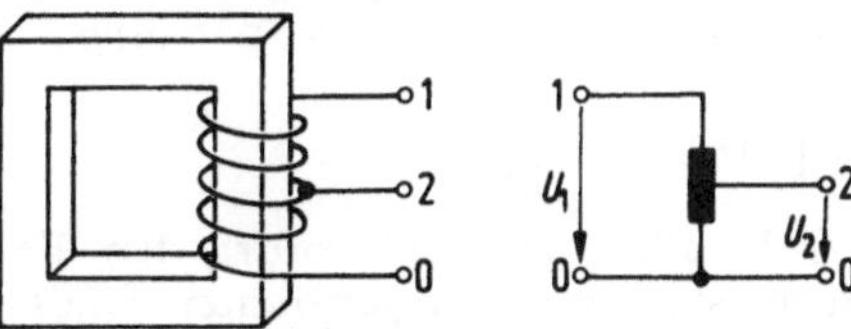

Bild 3.3. Autotransformator

Dieser Transformator wird zwar in der Herstellung (Kupferverbrauch) billiger, weist aber den großen Nachteil auf, daß zwischen Primär- und Sekundärseite eine galvanische Verbindung besteht. Er wird vor allem in billigen Geräten verwendet.

In einer Spezialausführung ist der Abgriff für U_2 nicht fix, sondern mit einem Gleitkontakt über die ganze Wicklungslänge verschiebbar, so daß die Spannung U_2 stetig und ver-

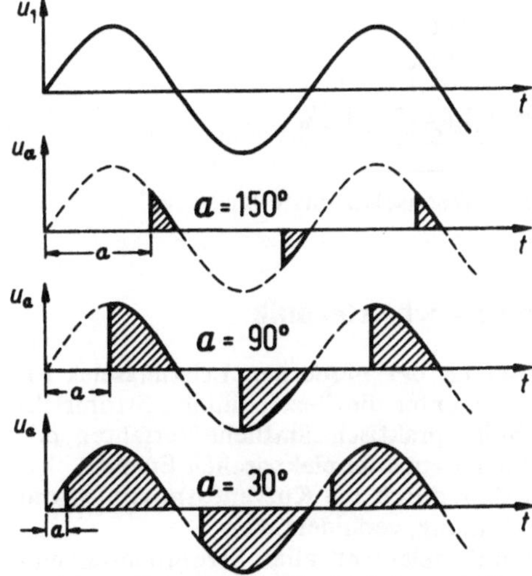

Bild 3.4. Prinzip des Wechselstromstellers

lustlos geändert werden kann (Regeltransformator, „Variac").

Mehrphasentransformatoren werden entweder als einzelne Einphasentransformatoren oder aus mehrschenkligen magnetisch verkoppelten Kernen aufgebaut.

Eine weitere Möglichkeit, den Wert einer Wechselspannung (und damit auch die verfügbare Leistung) zu variieren, bietet der Wechselstromsteller. Im Gegensatz zum Transformator mit variablem Abgriff wird hier allerdings nicht die Amplitude der Wechselspannung verändert, sondern die Zeit, während der sie an der Last anliegt. Dies ist in Bild 3.4 angegeben.

Der Zündwinkel α gibt dabei an, um wieviel verspätet gegenüber dem natürlichen Nulldurchgang die Spannung an die Last angelegt wird. Eine kurze Berechnung ergibt für den Effektivwert der angeschnittenen Spannung

$$U_\alpha = U_1 \sqrt{1 - \frac{\alpha}{\pi} - \frac{\sin 2\alpha}{2\pi}}\,.$$

Man sieht allerdings auch sofort, daß die Kurvenform stark von der gewohnten Sinus-Form abweicht: Sie enthält störende Oberwellen, gegen welche u.U. spezielle Maßnahmen getroffen werden müssen.

Ein besonderes Problem stellt natürlich der Schalter dar, mit dem die Kurvenform gemäß Bild 3.4 erzeugt wird, da er in jeder Periode zweimal ein- und ausschalten muß. Es werden hierfür ausschließlich elektronische Ventile (z.B. ein „Triac") in einer Schaltung gemäß Bild 3.5 verwendet. Das Einschalten besorgt ein Steuerimpuls aus dem Steuergenerator (Zündgerät), das Ausschalten geschieht beim natürlichen Nulldurchgang des Stromes.

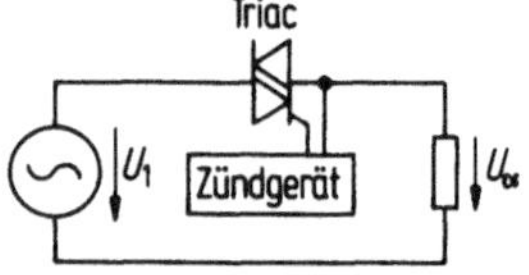

Bild 3.5. Wechselstromsteller

3.2 Stromrichtertechnik

Im Rahmen der modernen Leistungselektronik fallen unter die Bezeichnung „Stromrichtertechnik" praktisch sämtliche Verfahren, mit denen der Typus der elektrischen Energie, charakterisiert durch die Kurvenform von Strom und Spannung, verändert wird.

Grundbauelement aller Stromrichter sind zur Zeit Halbleiterschalter, mit denen der elektrische Stromfluß in einer bestimmten Richtung (u.U. auf Befehl) freigegeben werden kann. Eine Unterbrechung der Stromleitung („Abschalten") kann allerdings nur eintreten, wenn vorher der Strom null wurde, so wie es z.B. in jeder Halbwelle eines Wechselstromes geschieht. Auf Grund der möglichen Strukturen ist allen diesen Elementen gemeinsam, daß sie den Strom nur in einer Richtung leiten, in der anderen jedoch nicht.

Die beiden Hauptanschlüsse eines solchen Ventils werden mit Anode und Kathode bezeichnet. Ist die Anode positiv gegenüber der Kathode, so ist Stromleitung möglich (Ast I, Bild 3.6). Ist die Anode negativ gegenüber der Kathode (Ast II, Bild 3.6), so ist kein Stromfluß möglich (Diode). Bei komplexeren Strukturen ist noch ein dritter Anschluß (Gate, Tor) vorhanden. Im Ast I ist dann ein zusätzlicher kurzzeitiger Strom I_g im Kreis Gate-Kathode notwendig (Zündimpuls), damit bei positiver Anode Strom fließen kann (Thyristor).

Der in Abschn. 3.1 verwendete Triac ist eine spezielle Struktur aus zwei antiparallel geschalteten Thyristoren.

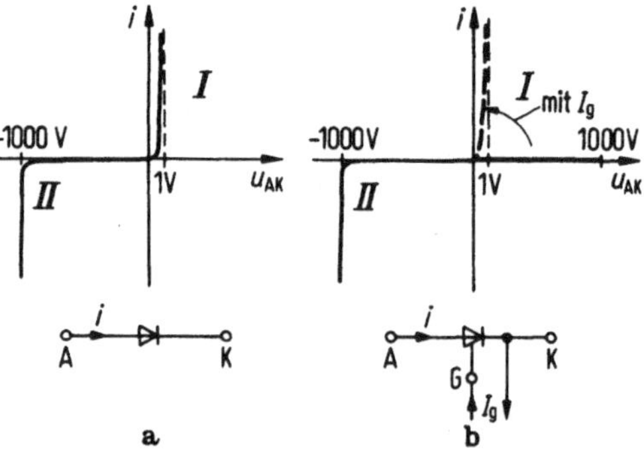

Bild 3.6. Kennlinien und Symbole elektrischer Ventile. a) Diode, b) Thyristor

3.2.1 Gleichrichterschaltungen

Ungesteuerte Gleichrichter

Bild 3.7 zeigt die einfachste ungesteuerte Gleichrichterschaltung mit den beiden Dioden 1 und 2, welche über einen Transformator mit sekundärem Mittelpunkt an das speisende Einphasennetz (in der Regel mit konstanter Wechselspannung) angeschlossen sind. Von den beiden Dioden übernimmt jeweils jene die Stromführung, welcher der höhere Momentanwert der Wechselspannung u_1 und u_2 zugeführt wird. Auf diese Weise wird der Last eine wellige Gleichspannung zugeführt. Der Gleichspannungsmittelwert U_d steht zur speisenden Wechselspannung in einem festen Verhältnis. Unter der Voraussetzung, daß $U_1 = U_2 = U_v$ ist, gilt für diese Schaltung bei ohmscher Last

$$U_d = 0{,}9\,U_v.$$

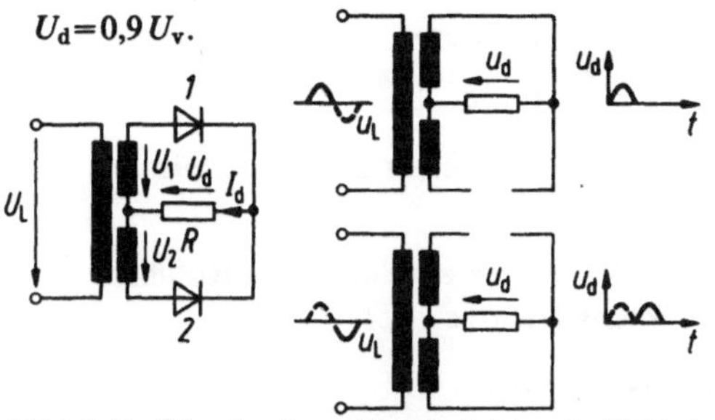

Bild 3.7. Einphasiger Gleichrichter in Mittelpunktschaltung, Schaltung und zustandekommen der Gleichrichtung

Gesteuerte Gleichrichter

Setzt man anstelle der Dioden in Bild 3.7 Thyristoren ein, so gelangt man zum gesteuerten oder steuerbaren Gleichrichter gemäß Bild 3.8. Thyristoren sperren im Anschluß an die negative Sperrbeanspruchung auch bei positiver Spannung, solange dem Gate kein positiver Steuerimpuls i_g zugeführt wird. Man kann nun den Zeitpunkt der Stromübergabe von einem Thyristor zum anderen gegenüber der Diodenschaltung verspätet einsetzen lassen, indem man den Gates der beiden Thyristoren abwechselnd Steuerstromimpulse zuführt.

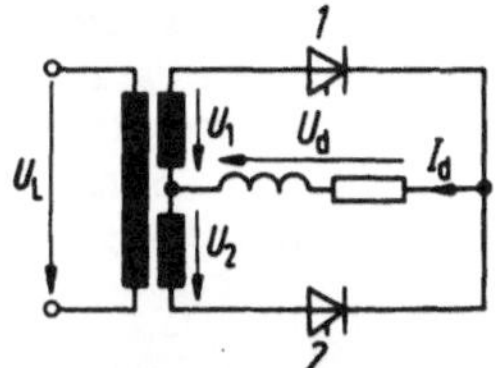

Bild 3.8. Gesteuerter einphasiger Gleichrichter in Mittelpunktschaltung

Unter der Voraussetzung einer stark induktiven Last kann sich der Strom I_d nur sehr langsam ändern, im Idealfall einer unendlich großen Induktivität L bleibt er, wie in Bild 3.9 angenommen, konstant. Elektrische Ventile löschen, einmal gezündet, nur dann, wenn der in ihnen fließende Strom null wird. In der vorliegenden Schaltung leitet also das gezündete Ventil solange bis das andere Ventil (das eine positive Sperrspannung aufweisen muß) gezündet wird. Damit übernimmt dieses Ventil die Stromführung, das vorher leitende wird gelöscht.

Diese Vorgänge sind in Bild 3.9 für verschiedene Zündwinkel α dargestellt; die an der Last anliegende Spannung ist schraffiert: Sie kann sowohl positive Mittelwerte ($0 \leq \alpha < 90°$), den Wert 0 ($\alpha = 90°$) als auch negative Mittelwerte ($90° < \alpha < 180°$) annehmen, immer unter der Voraussetzung eines gleichmäßig fließenden positiven Stromes I_d. In den gemachten Voraussetzungen wird sich der Gleichstrom zwar langsam ändern, aber nie den Wert null annehmen dürfen. Negativer Strom I_d ist wegen der nur in einer Richtung möglichen Stromleitung der Ventile nicht möglich.

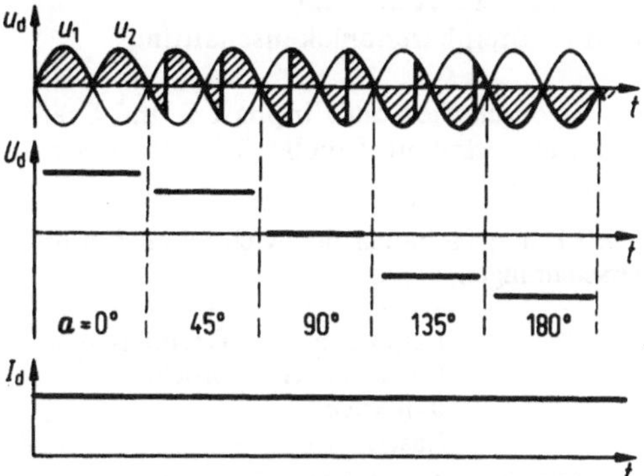

Bild 3.9. Einphasiger Stromrichter, Gleichspannung U_d bei Variation des Zündwinkels α und sehr großer Glättungsdrossel

Betrachtet man den Energiefluß ($P_d = U_d I_d$), so sind außer dem Wert Null zwei Bereiche möglich:

$0 \leq \alpha < 90°$; $P_d > 0$: Gleichrichterbetrieb,

$90 < \alpha < 180°$; $P_d < 0$: Wechselrichterbetrieb

(die Last gibt Energie an das speisende Netz zurück).

Eine aufwandmäßig etwas einfachere Schaltung ist die in Bild 3.10 angegebene Einphasenbrückenschaltung, welche ähnliche Eigenschaften wie die Mittelpunktschaltung hat. Dieser Typ des einphasigen gesteuerten Stromrichters wird zur Zeit fast ausschließlich bei einphasiger Speisung verwendet.

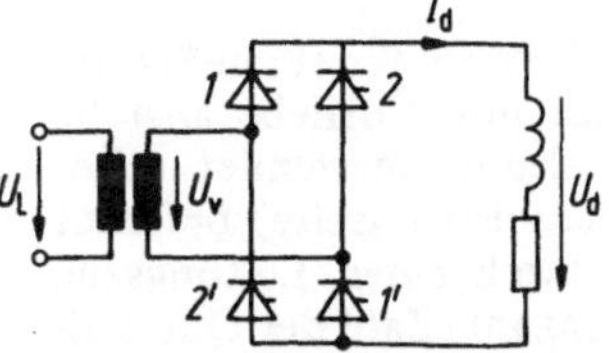

Bild 3.10. Einphasenbrückenschaltung

Bei stationären Anlagen geht man im Hinblick auf symmetrische Netzbelastung nach Möglichkeit auf die dreiphasige Brückenschaltung nach Bild 3.11 über. Sie besitzt zudem den Vorteil, daß die abgegebene Gleichspannung im allgemeinen wesentlich weniger wellig ist als bei der einphasigen Schaltung.

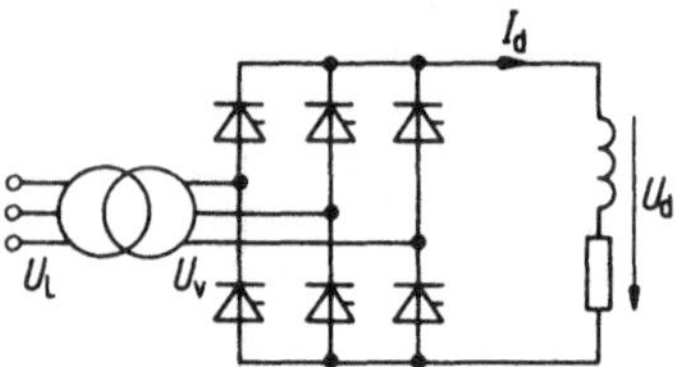

Bild 3.11. Dreiphasenbrückenschaltung

Die Eigenschaften der Einphasen- und Dreiphasenbrücke sind in Tabelle 3.1 zusammengestellt.

Tabelle 3.1. Eigenschaften der wichtigsten Stromrichterschaltungen

	Einphasen-brücke (stark induktive Last)	Dreiphasen-brücke
Notwendige Transformator-spannung U_v	$U_v = 1{,}1\,U_d$	$U_v = 0{,}43\,U_d$
Transformator-strom I_v Ausgangsgleich-strom I_d	$I_v = I_d$	$I_v = 0{,}82\,I_d$
Spannungsabfall zwischen Leer-lauf und Nenn-betrieb (I_v: Nennstrom I_{vN}, e_{cc}: Transforma-tor-Kurzschluß-spannung)	$0{,}7\,e_{cc}\,U_{d0}$	$0{,}5\,e_{cc}\,U_{d0}$
Transformator-Bauleistung P_t	$1{,}11\,U_{dN}\,I_{dN}$	$1{,}05\,U_{dN}\,I_{dN}$
Steuerkennlinie	$U_{d\alpha} = U_{d0} \cdot \cos\alpha$	$U_{d\alpha} = U_{d0} \cdot \cos\alpha$

In Bild 3.12 ist das Symbol für einen Stromrichter angegeben, das mit Vorliebe anstelle der detaillierten Schaltung verwendet wird. Die Einspeisung (Wechselstromseite) befindet sich links und wird durch einen Leitungszug mit Angabe der Phasenzahl (Zahl der Querstriche in der Leitung) angegeben. Die Ausgangsseite (Gleichstromseite) befindet sich rechts (Angabe der Polarität oder für stark vereinfachte Stromlaufpläne auch wieder nur ein Leitungszug).

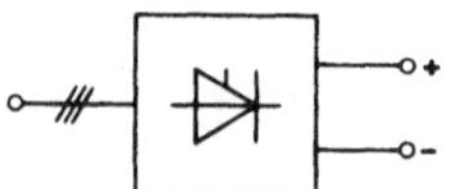

Bild 3.12. Symbol eines Stromrichters

3.2.2 Gleichstromsteller und selbstgeführte Wechselrichter

Gleichstromsteller

Da der Gleichstromtransformator nicht existiert, bietet die klassische Energietechnik für die Umsetzung einer Gleichspannung auf eine andere nur den verlustbehafteten Spannungsteiler oder den Umweg über rotierende Maschinen an. Die Stromrichtertechnik gestattet auch das Umsetzen von Gleichspannungen auf verlustfreie Art, wobei genau wie beim Wechselstromtransformator ein beliebiges Übersetzungsverhältnis $U_2\ U_1 = I_1\ I_2$ möglich ist und die Leistung $U_1\ I_1 = U_2\ I_2$ erhalten bleibt (abgesehen von kleinen Verlusten).

Dies erfordert jedoch Ventile, welche zu einem frei wählbaren Zeitpunkt den Strom unterbrechen können. Um dem Thyristor die Möglichkeit zu verleihen, während des stromführenden Zustandes direkt auszuschalten, muß er mit zusätzlichen Schaltelementen versehen werden. Zu diesem Zweck kann man im einfachsten Fall gemäß Bild 3.13 einen Parallelkreis einfügen, der aus einem Kondensator und einem Hilfsthyristor T_h besteht. Sorgt man dafür, daß der Kondensator im Hilfskreis

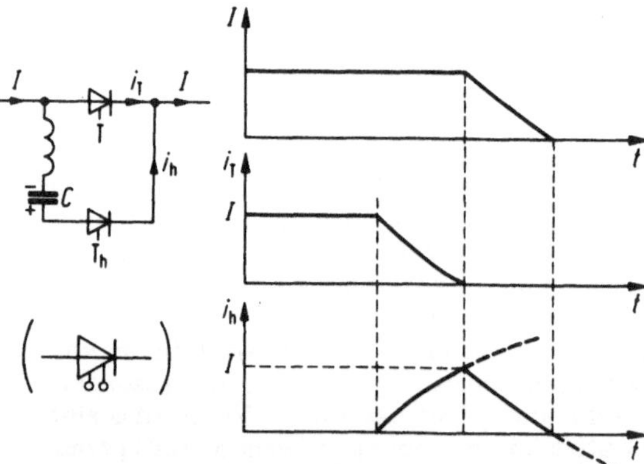

Bild 3.13. Löschbarer Thyristor („elektronischer Schalter"). Schaltung und vereinfachte Stromverläufe

in der angegebenen Polarität aufgeladen ist, wenn im Haupt-Thyristor ein Strom fließt, so läßt sich durch das Zünden des Hilfsthyristors ein Kreisstrom (zweiter Zeitabschnitt von i_h) erzwingen, welcher den Strom im Hauptthyristor vorübergehend aufhebt, so daß er löscht. Wenn anschließend der Kreisstrom abklingt, stellt die Kombination aus Haupt- und Hilfsthyristor einen sperrenden Schalter dar.

Das Kurzsymbol einer solchen Schaltung mit Zwangslöschung, von der hier lediglich ein sehr vereinfachtes Prinzip gezeichnet ist, besteht aus einem Thyristorsymbol mit einem angedeuteten zweiten Gate. Es hat ähnliche Eigenschaften wie ein Schalter, der sowohl geschlossen als auch wieder geöffnet werden kann.

Bild 3.14 zeigt die einfachste Variante eines Gleichstromstellers. Er gestattet das Einschalten eines Stromkreises über einen Hauptthyristor mit beigefügter Zwangslöschung. Im Moment des Abschaltens kann der Strom des induktivitätsbehafteten Lastkreises über die senkrecht angeordnete Freilaufdiode weiterfließen. Je nachdem, ob nun der Hauptthyristor oder die Freilaufdiode den Strom führt, hat die Ausgangsspannung U die gleiche Größe wie die Speisespannung oder den Wert Null. Damit ist die Möglichkeit gegeben, die Lastspannung zwischen diesen beiden Werten zu „takten", was meistens mit der Frequenz von einigen 100 Hz geschieht. Variiert man nun das Tastverhältnis, so läßt sich die Lastspannung stetig verändern.

Die Anordnung arbeitet im Prinzip verlustfrei und könnte auch als Gleichstromtransformator mit veränderbarem Übersetzungsverhältnis betrachtet werden, wobei allerdings nur eine Reduktion der Spannung möglich wäre. Für eine Erhöhung der Spannung müssen wesentlich komplexere Gleichstromsteller verwendet werden.

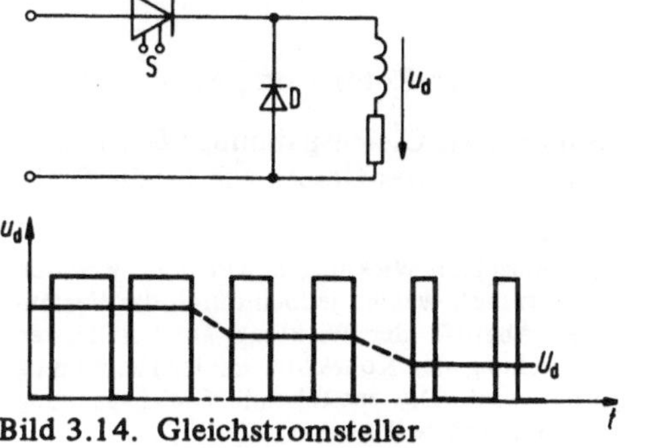

Bild 3.14. Gleichstromsteller

Wechselrichter

Eine Möglichkeit, aus einer Gleichspannung eine Wechselspannung beliebiger Frequenz zu erzeugen, zeigt Bild 3.15 (Wechselrichter nach McMurray). Durch abwechselndes Zünden der beiden Thyristoren wird abwechselnd die rechte oder die linke Seite des Transformators an die Gleichspannung gelegt, so daß auf der Sekundärseite eine rechteckförmige Wechselspannung entsteht. Der Kondensator bewirkt beim Einschalten des einen Thyristors (ähnlich wie beim Gleichstromsteller in Bild 3.13) das Löschen des andern Thyristors.

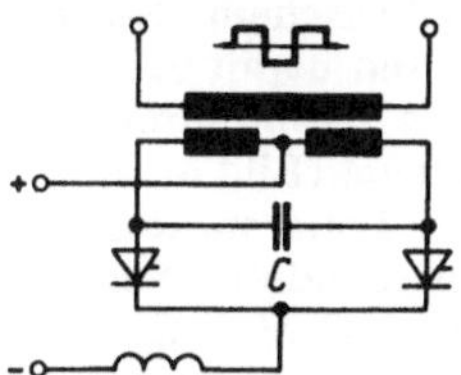

Bild 3.15. Wechselrichter nach McMurray

Die angegebenen Grundtypen von Stromrichterschaltungen inklusive Gleichstromsteller und selbstgeführte Wechselrichter können untereinander kombiniert werden, so daß praktisch aus jeder Art elektrischer Energie jede andere Art erzeugt werden kann.

4 Antriebstechnik

Von den Anwendungen der elektrischen Energie soll im vorliegenden Kapitel ausschließlich die Antriebstechnik, d.h. die Umwandlung elektrischer Energie in mechanische behandelt werden (elektrische Maschinen). Hieraus folgen dann auch zwanglos die klassischen Möglichkeiten zur Umformung mechanischer Energie in elektrische Energie (elektrische Generatoren).

Die grundlegenden Gesetze rotierender elektrischer Maschinen sind schon in Teil A besprochen worden. Es sind dies (Bild 4.3)

– das Gesetz von Biot-Savart

$$F = I(\vec{l} \times \vec{B}),$$

– das Induktionsgesetz

$$U_i = \frac{d\Phi}{dt},$$

$$\vec{E} = \vec{v} \times \vec{B}.$$

In den elektrischen Maschinen wird auf Grund des Gesetzes von Biot-Savart über das

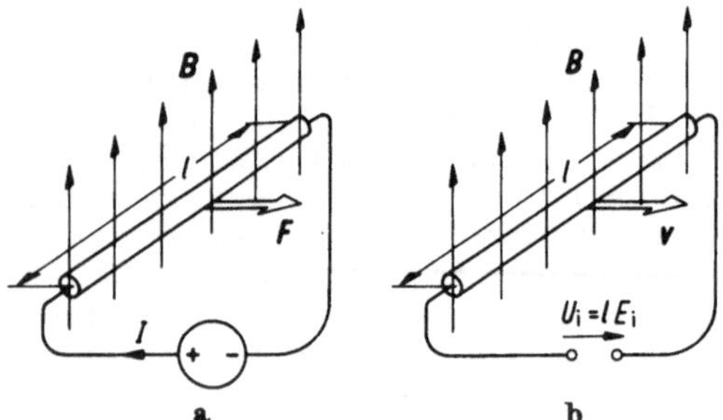

Bild 4.1. Gesetz von Biot-Savart (a) und Induktionsgesetz (b)

Zusammenwirken von elektrischem Strom und Magnetfeld eine Kraft und damit bei entsprechender Anordnung des stromführenden Leiters ein Drehmoment erzeugt (Bild 4.2).

Bei der Rotation dieser Leiteranordnung ändert nun in der dadurch gebildeten Schleife der magnetische Fluß seine Größe: Es entsteht eine induzierte Spannung U_i (Generator). Die Richtungen von Strom und Spannungen sind dabei entgegengesetzt („Gegenspannung").

Ein wichtiges Problem der elektrischen Maschinen ist noch in Bild 4.2 angedeutet: Erreicht die Leiterschleife unter der Kraft nach Biot-Savart die gestrichelt angegebene Lage, so kehrt die Kraft ihr Vorzeichen um. Die gestrichelt angedeutete Lage ist stabil, die Schleife steht still. Damit eine rotierende Bewegung zustande kommt, muß also in der gestrichelten Lage entweder die Stromrichtung oder das Feld umgepolt werden.

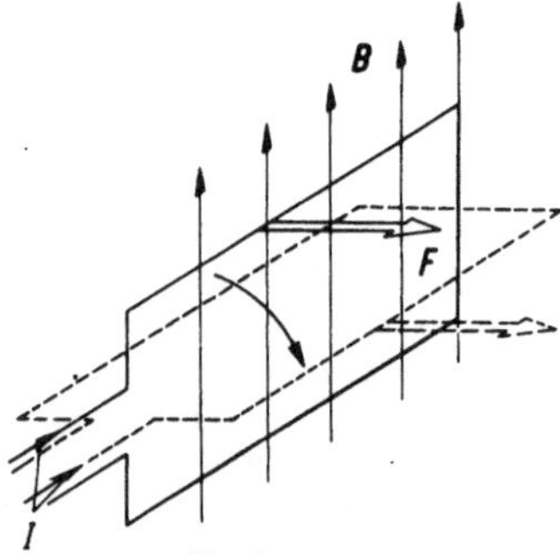

Bild 4.2. Drehmomenterzeugung und stabile Lage der Schleife

Daraus folgen die beiden Haupttypen von elektrischen Maschinen:

B konstant, *I* umgepolt: Kollektormaschine,
I konstant, *B* umgepolt: Synchronmaschine.
Eine Zwischenstellung nimmt die Asynchronmaschine ein, bei der *I* mit Hilfe von *B* erzeugt wird.

4.1 Kollektormaschinen

Ihren größten Anwendungsbereich findet die Kollektormaschine als Gleichstrommaschine.

Das im allgemeinen elektrisch erzeugte Feld *B* bleibt räumlich und zeitlich konstant (Statorfeld), während der Strom in der bzw. der rotierenden Leiterschleifen (Rotor) über mitlaufende Schleifkontakte (Kollektor) umgeschaltet wird, so daß das Drehmoment immer in der gleichen Richtung erzeugt wird (Bild 4.3).

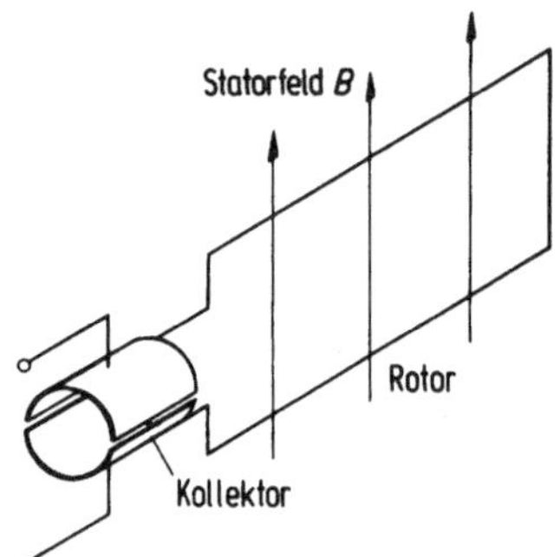

Bild 4.3. Prinzip der Kollektormaschine: Umpolung des Stromes durch mechanischen Schalter („Kollektor")

Schon in der einfachen Struktur gemäß Bild 4.3 lassen sich die Grundgesetze der elektrischen Maschinen herleiten, wobei lediglich noch angenommen werden muß, daß der Rotor nicht aus einer Wicklung, sondern aus mehreren (bis zu 30 oder 40 bei größeren Maschinen) besteht, welche nacheinander Strom führen.

Die Drehmomentbildung folgt sofort aus dem Gesetz von Biot-Savart, wobei der mechanische Aufbau (Anzahl und Lage der Leiter, Polfläche, Polzahl, magnetische Eigenschaften) in einer Konstanten c_1 zusammengefaßt sind zu

$$M = c_1 B I_A$$

(I_A: Anker- oder Rotorstrom, B: Statorfeld).

Für die induzierte Gleichspannung* U_i läßt sich ein ähnlich einfaches Gesetz wie für die Dreh-

* In den einzelnen Wicklungen wird eine Wechselspannung erzeugt, welche jedoch durch das Vertauschen der Abgriffe der Wicklung an den Bürsten mit der Drehung des Kollektors immer gleichsinnig abgegriffen wird. Die entstehende Gleichspannung weist nur eine geringe Welligkeit auf.

momentbildung angeben, nämlich

$$U_i = c_u B n$$

(n: Drehzahl). Die Leistung läßt sich direkt herleiten aus

$$P = U_i I_A = 2\pi n M.$$

Hieraus folgt sofort ein Zusammenhang für c_u und c_1:

$$c_u = 2\pi c_1.$$

Der Zusammenhang zwischen der an den Bürsten anliegenden Spannung U_A und dem im Ankerkreis fließenden Strom I_A läßt sich unter Berücksichtigung des Ankerwiderstandes R_A (Ohmscher Widerstand der stromdurchflossenen Ankerwicklung und Übergangswiderstände) angeben zu

$$U_A = U_i \pm R_A I_A.$$

Hierbei gilt das Pluszeichen für Motorbetrieb und das Minuszeichen für Generatorbetrieb.

Im transienten Betrieb muß im allgemeinen auch noch die in Bild 4.4 angeführte Ankerinduktivität L_A berücksichtigt werden.

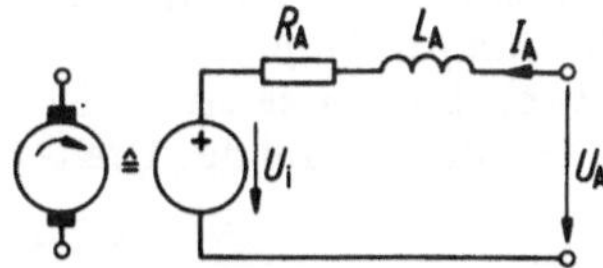

Bild 4.4. Symbolische Darstellung des Rotors einer Kollektormaschine und Ersatzschema

Um einen Zusammenhang zwischen den maßgebenden Größen (M, n, P, U_A, I_A) zu finden, muß jetzt noch die Erzeugung des Feldes B behandelt werden. Meistens wird B durch eine vom Erregerstrom I_E durchflossene Wicklung (Widerstand R_E) auf den Statorpolen erzeugt, in seltenen Fällen (insbesondere bei Kleinmotoren) durch permanentmagnetische Pole.

Je nach der Erzeugung von I_E unterscheidet man (Bild 4.5)

- fremderregte Maschinen: I_E wird aus einer unabhängigen Quelle erzeugt ($I_E = U_E/R_E$);
- Nebenschlußmaschinen: die Erregerwicklung liegt parallel zu den Ankerklemmen ($I_E = U_A/R_E$);
- Hauptschlußmaschinen: die Erregerwicklung liegt in Reihe mit der Ankerwicklung ($I_E = I_A$);
  der Widerstand und die Induktivität der Erregerwicklung werden in diesem Fall in R_A und L_A mitberücksichtigt.

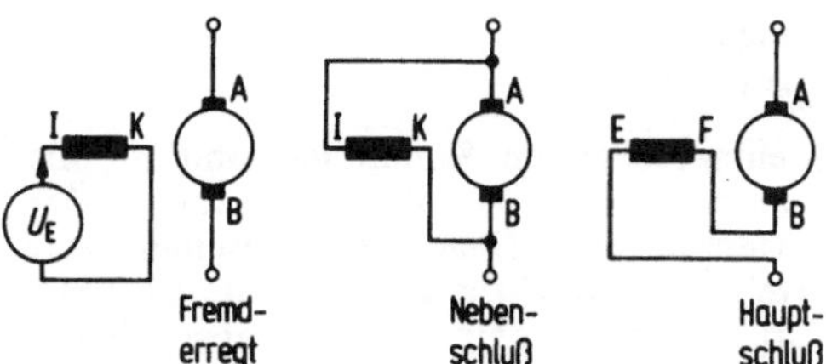

Bild 4.5. Schaltungsarten von Gleichstrommaschinen (Klemmenbezeichnungen normiert)

Nimmt man Proportionalität zwischen B und I_E an, was in sehr vielen Fällen in grober Näherung gilt, so sind die Grundgleichungen der Maschine:

$$M = c I_E I_A,$$

$$U_i = 2\pi c I_E n,$$

$$U_A = U_i + R_A I_A \text{ (Motorbetrieb)}.$$

Mit ihnen können die stationären Eigenschaften der drei Grundschaltungen bestimmt werden.

4.1.1 Fremderregte Maschine

Für die Kennlinie der fremderregten Maschine folgt

$$n = \frac{U_A}{2\pi c I_E} - \frac{R_A}{2\pi c^2 I_E^2} M = n_{i0} - kM$$

(n_{i0}: ideelle Leerlaufdrehzahl ohne jegliche Verluste.) Der Strom folgt direkt aus der

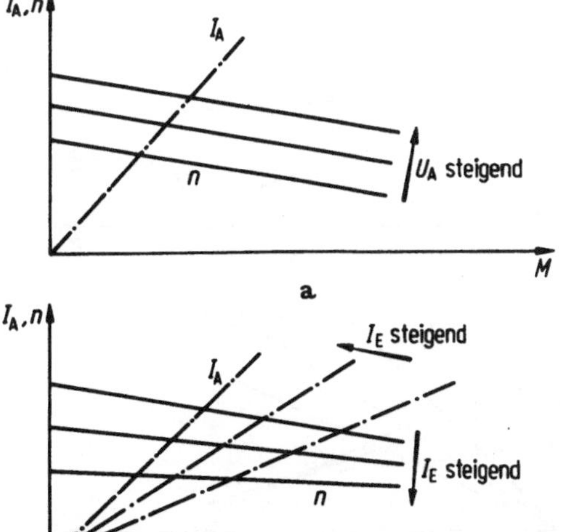

Bild 4.6. Kennlinien der fremderregten Maschine a) I_E = const, b) U_A = const

Grundgleichung;

$$I_A = M/c I_E.$$

Die entsprechenden Kennlinien sind in Bild 4.6 zusammengestellt. Man sieht sofort, daß die fremderregte Gleichstrommaschine eine „harte" Charakteristik aufweist; die Drehzahl ändert sich nur wenig mit dem abgegebenen Drehmoment. Mit zunehmender Erregung sinkt die Drehzahl bei gleichzeitiger „Verhärtung" der Kennlinie. Bei $I_E = 0$ nimmt die Maschine beliebig hohe Drehzahlen an; sie brennt durch (fremderregte Maschinen nie ohne Erregung betreiben).

4.1.2 Nebenschlußmaschine

Bei der Nebenschlußmaschine ist der Erregerstrom I_E nicht mehr konstant, sondern variiert mit der angelegten Spannung U_A gemäß $I_E = U_A/R_E$.

Die für die fremderregte Maschine hergeleiteten Beziehungen können, nach Ersatz von I_E, direkt übernommen werden:

$$n = \frac{R_E}{2\pi c} - \frac{R_A R_E^2}{2\pi c^2 U_A^2} M,$$

$$I_A = \frac{R_E}{c U_A} M.$$

Die Leerlaufdrehzahl stellt sich hier unabhängig von U_A einzig über den Widerstand R_E (Widerstand der Erregerwicklung plus eventuell zusätzlicher Widerstand) ein. Mit zunehmendem R_E wird die Kennlinie immer „weicher" (Bild 4.7).

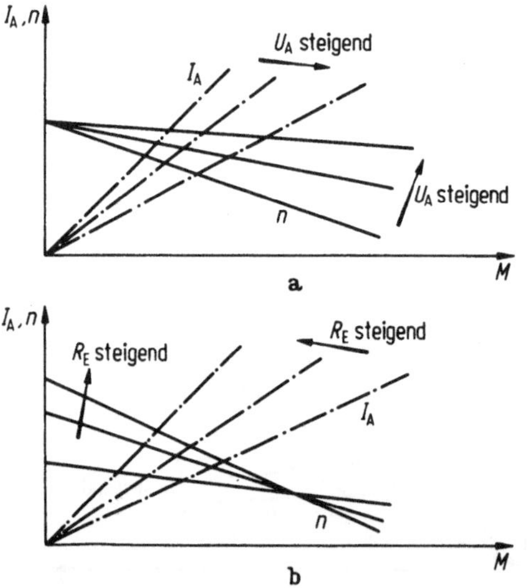

Bild 4.7. Kennlinien der Nebenschlußmaschine bei Speisung mit konstanter Spannung
a) R_E = const, b) U_A = const

4.1.3 Hauptschlußmaschine

Bei der Hauptschlußmaschine liegen Erregerwicklung und Ankerkreis in Serie, so daß immer gilt

$$I_E = I_A.$$

Faßt man hier sinngemäß Erregerwiderstand und Ankerwiderstand zu einem resultierenden Ankerwiderstand R_A zusammen, so gilt

$$n = \frac{U_A}{2\pi \sqrt{c}} \frac{1}{\sqrt{M}} - \frac{R_A}{2\pi c},$$

$$I_A = \frac{1}{\sqrt{c}} \cdot \sqrt{M}.$$

Die entsprechenden Kennlinien sind in Bild 4.8 dargestellt. Die Charakteristiken sind „weich", d.h. die Drehzahl nimmt mit steigendem Drehmoment sehr stark ab. Im Leerlauf ($M \to O$) steigt die Drehzahl unbeschränkt an, die Maschine brennt durch (*Hauptschlußmaschinen nie ohne Last betreiben*). Der Ankerstrom ist nur proportional der Quadratwurzel des Drehmomentes.

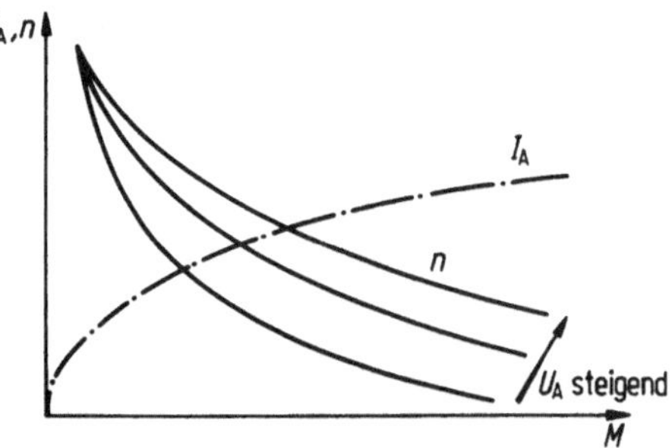

Bild 4.8. Kennlinien der Hauptanschlußmaschine

Ähnliche Eigenschaften wie der Gleichstrom-Hauptschlußmotor weist auch der Wechselstrom-Hauptschlußmotor (*Einphasen-Kollektormaschine*) auf.

Bei den tatsächlich ausgeführten Maschinen treten einige Abweichungen von den idealen Vorstellungen auf:

- Sättigung: Mit zunehmendem Erregerstrom I_E wird der magnetische Kreis gesättigt, d.h. B nimmt nicht mehr linear mit I_E zu, sondern gemäß Bild 4.9. Bei Antrieben muß diese Sättigung berücksichtigt werden.

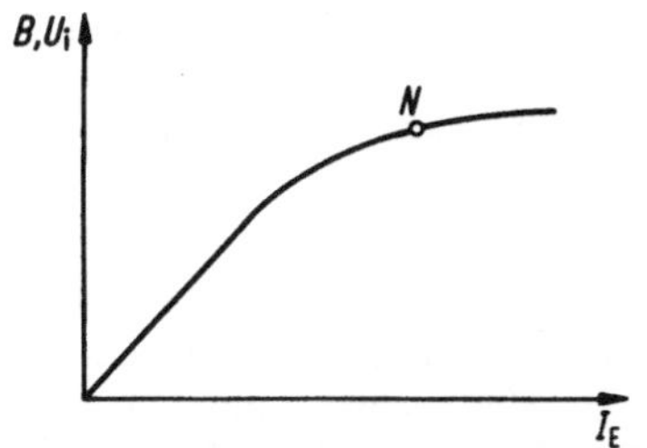

Bild 4.9. Sättigung der Gleichstrommaschine

– Ankerrückwirkung: Auch der Strom I_A baut ein magnetisches Feld auf, das die Originalerregung verzerrt. Diese Verzerrung bewirkt eine leichte Feldschwächung und damit einen geringen Drehzahlanstieg. Man kann die Ankerrückwirkung zu einem großen Teil neutralisieren, indem man eine vom Ankerstrom I_A durchflossene Kompensationswicklung auf den Hauptpolen der Maschine anbringt.

4.1.4 Anlauf und Steuerung

Anlauf

Bei Stillstand ($n = 0$) ist auch die induzierte Spannung null, so daß der Ankerstrom I_A allein aus

$$I_A = U_A / R_A$$

bestimmt wird. Da aus Gründen eines guten Wirkungsgrades R_A möglichst klein gehalten wird, würden beim Anlegen der vollen Betriebsspannung an den stillstehenden Ankerkreis beliebig hohe Ströme auftreten, was wegen der hohen Netzbelastung, der starken Erwärmung und der resultierenden Drehmomentstöße unerwünscht ist. Beim Anlauf muß also auf jeden Fall der Ankerstrom (i.a. auf den Nennstrom I_{AN}) begrenzt werden, was entweder durch direkte Reduktion von U_A (z.B. Stromrichter) oder durch Vorschalten von Anlaßwiderständen geschehen kann.

Steuerung

Zur Steuerung der Drehzahl von Kollektormaschinen können zwei sich ergänzende Verfahren angewendet werden, nämlich Variation der Ankerspannung U_A und Variation des Erregerstromes I_E, wobei allerdings immer die durch den Bau vorgegebenen Maximalwerte $I_{A\,max}$, $I_{E\,max}$ und n_{max} nicht überschritten werden dürfen (Kühlung, mechanische Festigkeit).

In Anlehnung an die hauptsächlich verwendeten Typen sollen nur die Varianten „fremderregt" und „Hauptschluß" besprochen werden.

Bei der fremderregten Maschine geht man davon aus, daß über einen möglichst großen Drehzahlbereich das Nenndrehmoment

$$M_N = c\, I_{EN}\, I_{AN}$$

vorhanden sein soll. Eine Variation der Drehzahl kann demnach nur über U_A vorgenommen werden. Hat man einmal U_{AN} und damit n_N erreicht, so kann eine weitere Erhöhung der Drehzahl nur über eine Reduktion von I_E (Feldschwächebereich) bei gleichzeitiger Reduktion des Drehmomentes vorgenommen werden. Damit ergibt sich eine Kennlinie gemäß Bild 4.10.

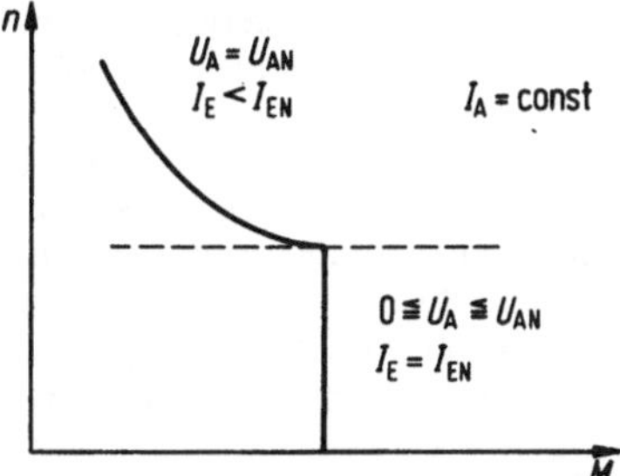

Bild 4.10. Steuerkennlinie der Nebenschlußmaschine

Während bei klassischen Anlagen die Variation von U_A und I_E über Vorwiderstände mit entsprechender Verlustleistung vorgenommen wurde, werden moderne steuer- oder regelbare Antriebe mit Stromrichtern sowohl im Ankerkreis als auch im Erregerkreis ausgerüstet, so daß eine praktisch verlustfreie Variation möglich ist. Eine Drehrichtungsumkehr ist möglich, entweder über eine Umpolung von I_E oder eine Umpolung von U_A; beide Varianten sind mit entsprechenden Stromrichterschaltungen („Umkehrstromrichter") realisierbar. Durch Aussteuerung in den Wechselrichterbereich kann auch Nutzbremsung vorgenommen werden.

Bei der Hauptschlußmaschine ist die Steuerung der Drehzahl bis zum Nennbetriebspunkt schaltungsmäßig relativ unproblematisch. Es können Vorwiderstände unter Inkaufnahme entsprechender Verluste oder Stromrichterschaltungen verwendet werden. Feldschwächebereiche sind schwieriger zu durchfahren, da eine „Shuntung" (Widerstand bzw. Gleichstromsteller) parallel zur Erregerwicklung vorgenommen werden muß. Auch die Umkehr der Drehrichtung bietet gewisse Schwierigkeiten bei großen Maschinen, da der gesamte Ankerstrom (z.B. Umpolung der Erregerwicklung) betroffen ist. Eine Umpolung der gesamten Maschine ist wegen des quadratischen Zusammenhanges zwischen I_A und M ohne Effekt auf die Drehrichtung.

Bei diesem Maschinentyp ist die moderne stromrichtergespeiste Steuerung noch in voller Entwicklung, während die klassische (Vorwiderstände) in weiten Bereichen der elektrischen Traktion verwendet wird.

4.1.5 Generatorbetrieb

Prinzipiell könnten alle drei Maschinentypen auch als Generatoren verwendet werden, wobei allerdings die Hauptschlußmaschine aus Stabilitätsgründen sofort ausgeschieden werden muß (U_i und damit U_A steigt mit steigendem $I_A = I_E$). Als sinnvoll verbleiben somit nur die Varianten „fremderregt" (beste Spannungskonstanz ohne Regelung, aber separate Quelle für I_E notwendig) und „Nebenschluß" (genügende Stabilität der abgegebenen Spannung nur mit Regler im Erregerstromkreis erreichbar, keine separate Quelle für I_E notwendig).

Rotierende Gleichstromgeneratoren werden in modernen Anlagen nur noch in Spezialfällen eingesetzt, gewöhnlich zieht man statische Umformer (Stromrichter) vor.

4.2 Drehfeldmaschinen

Unter dem Begriff „Drehfeldmaschinen" werden diejenigen Maschinentypen verstanden, bei denen das Statorfeld B räumlich nicht konstant ist, sondern sich mit einer bestimmten Winkelgeschwindigkeit um die Rotationsachse der Maschine dreht. Die Entstehung eines solchen Feldes ist in Bild 4.11 am Beispiel des dreiphasigen Falles erläutert: Aus der Überlagerung von drei örtlich stationären, zeitlich variablen Flüssen (ϕ_R, ϕ_S, ϕ_T) entsteht ein zeitlich konstanter Fluß ϕ, dessen Richtung sich mit konstanter Winkelgeschwindigkeit ändert: „Das magnetische Feld dreht sich mit einer konstanten Drehgeschwindigkeit um die Rotationsachse."

Die Drehzahl (synchrone Drehzahl) bestimmt sich aus der Frequenz f der Wechselspannung und der Anzahl über den Umfang verteilte Polpaare p (diametral entgegengesetzte, vom gleichen Strom durchflossene Wicklungen pro Phase).

In Bild 3.11 ist ein Polpaar ($p = 1$) angenommen, wobei jedes Polpaar zur Vereinfachung der Darstellung als eine Wicklung dargestellt ist. Hier beträgt die synchrone Drehzahl n_s bei der üblichen Netzfrequenz $f = 50$ Hz.

$$n_s = 50\ \mathrm{s}^{-1} = 3000\ \mathrm{min}^{-1}.$$

Bei mehrpoligen Maschinen ($p = 2; 3; 4; ...$) wird die synchrone Drehzahl entsprechend kleiner ($n_s = 1500, 1000, 750; ...\ \mathrm{min}^{-1}$).

Dieses rotierende Statorfeld ergibt mit einem Rotorstrom zusammen wieder eine Kraft und damit ein Drehmoment, so daß auch das Drehfeldprinzip zur Umwandlung elektrischer in mechanische Energie verwendet werden kann.

In Umkehrung der Überlegungen kann nun auch sofort geschlossen werden, daß in einer Statorkonfiguration gemäß Bild 4.11 ein rotierender Permanentmagnet (mit Gleichstrom erregter Elektromagnet) in den Spulen eine entsprechende Spannung induzieren wird (Dreiphasengenerator, Synchrongenerator), so daß diese Konfiguration gleichzeitig einen der einfachsten Generatortypen darstellt.

4.2.1 Asynchronmaschine

Die Asynchronmaschine trägt auf dem Rotor mehrere, über den Umfang verteilte Wicklungen, welche in der einfachsten Ausführung in sich kurzgeschlossen sind. Durch die Relativbewegung zwischen dem Statordrehfeld und dem Rotor, z.B. dadurch, daß die Rotordrehzahl kleiner ist als die Drehzahl des Drehfeldes, wird in der Spule eine Spannung induziert, welche ihrerseits einen Strom zur Folge hat. Gemäß $u = \mathrm{d}\phi/\mathrm{d}t$ wird bei einer gegebenen Drehfeldamplitude B die induzierte Spannung U_2 gegeben durch

$$U_2 = k B \frac{(n_s - n)}{n_s} = k B s.$$

Die hierin auftretende charakteristische Größe

$$s = \frac{n_s - n}{n_s} = 1 - \frac{n}{n_s}$$

nennt man Schlupf.

Auch die Frequenz der induzierten Spannung variiert proportional zum Schlupf s.

Stationäres Verhalten

Da die exakte Herleitung der Motorcharakteristik der Asynchronmaschine tiefergehende Kenntnisse der Elektrotechnik, insbesondere des Transformators, erfordert, muß hier auf eine genaue Herleitung verzichtet werden. Fol-

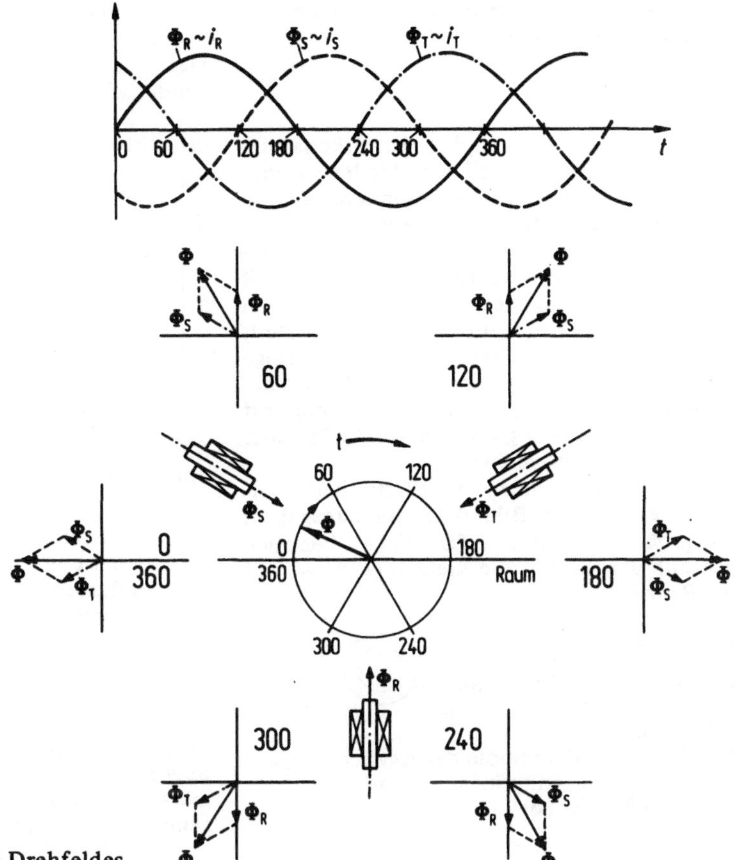

Bild 4.11. Entstehung eines Drehfeldes

gende Überlegungen mögen zu einer zumindest begrifflich klaren Darstellung der Verhältnisse führen:

Beim Schlupf $s = 0$, wenn also Rotordrehzahl n und synchrone Drehzahl n_s gleich sind, tritt keine Flußänderung mehr in der Rotorwicklung auf, so daß kein Strom und damit auch kein Drehmoment erzeugt wird: Für $n = n_s$ ist $M = 0$.

Mit zunehmendem Schlupf, also mit kleiner werdender Rotordrehzahl n, wird die induzierte Spannung und damit der Strom und somit das Drehmoment größer, um einen Maximalwert M_K, das Kippmoment, bei der Kippdrehzahl n_k bzw. dem Kippschlupf s_k zu erreichen (Bild 4.12).

Bei den üblichen Maschinen beträgt der Kippschlupf etwa das Drei- bis Fünffache des Nennschlupfes s_N, das Kippmoment rund das Doppelte des Nennmomentes. Der Nennschlupf liegt, abhängig von der Motorgröße, zwischen etwa 8% (kleine Maschinen, ≈ 1 kW) und 2% (große Maschinen, ≈ 100 kW).

Bei Vergrößerung des Schlupfes über den Kippschlupf hinaus nimmt das Drehmoment wieder ab, um schließlich das Stillstandsmoment M_0 von der gleichen Größenordnung wie M_N zu erreichen.

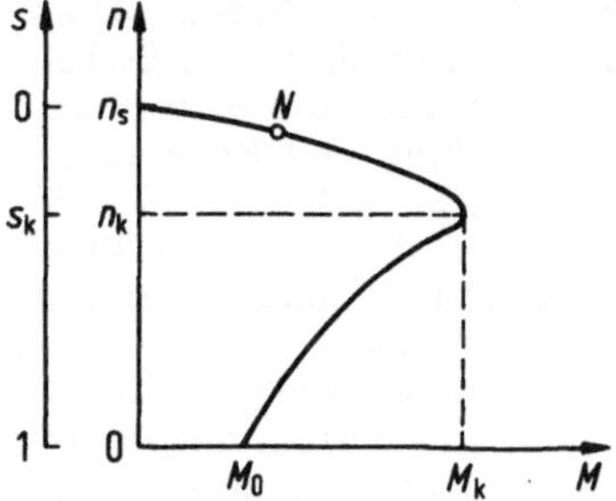

Bild 4.12. Kennlinie der Asynchronmaschine

Der allgemeine Verlauf der Kennlinie läßt sich angenähert durch

$$\frac{M}{M_K}=\frac{2}{s/s_k+s_k/s}$$

beschreiben. Durch komplexe Rotorkonstruktionen können im Detail verschiedene Kennlinien erreicht werden, insbesondere Kennlinien mit höherem Anlaufmoment.

Grundsätzlich können Asynchronmaschinen als einfachste elektrische Maschinen mit direkt kurzgeschlossenen Rotorwicklungen (Kurzschlußläufer, „squirrel cage") hergestellt werden, so daß keine Bürsten und Schleifringe auf dem Rotor notwendig sind. Für Spezialanwendungen werden jedoch auch Rotoren mit offenen Wicklungen gebaut, deren Enden über Schleifringe herausgeführt sind.

Die entsprechenden schematischen Darstellungen sind in Bild 4.13 wiedergegeben. Die großen Buchstaben (U, V, W) beziehen sich auf den Stator, die kleinen (u, v, w) auf den Rotor.

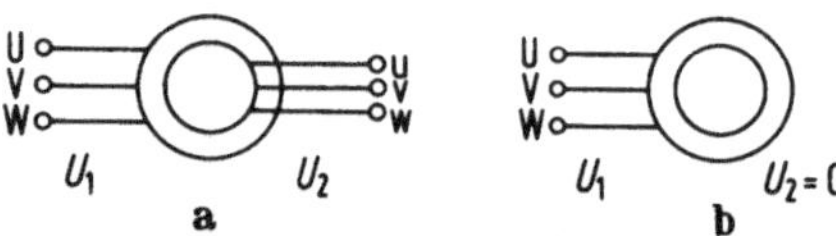

Bild 4.13. Schaltsymbole der Asynchronmaschine mit Schleifringläufer (a) und Kurzschlußläufer (b)

Anlauf und Steuerung

Da beim Stillstand die Maschine wie ein Transformator wirkt, wird der Statorstrom in erster Linie durch die rotorseitigen Impedanzen begrenzt und kann bei kurzgeschlossenem Rotor kurzzeitig sehr hohe Werte annehmen.

Kurzschlußläufermotoren werden daher im allgemeinen mit reduzierter Statorspannung U_1 (und entsprechend reduziertem Anfahrmoment M_0) angefahren und erst im Lauf auf die volle Spannung geschaltet.

Eine der Methoden hierzu ist die Stern-Dreieck-Umschaltung mit speziellen Anlaßschaltern: Zum Anlaufen werden die Statorwicklungen, von denen Anfang und Ende ausgeführt sein müssen, im Stern geschaltet. Sobald der Motor hochgelaufen ist, werden die Wicklungen im Dreieck geschaltet und erhalten erst damit die volle Nennspannung.

Bei Maschinen mit herausgeführten Rotorwicklungen kann der Anlaufstrom mit zusätzlichen Anlaßwiderständen (dreiphasig, im Stern an u, v, w angeschlossen) reduziert werden. Durch diese Zusatzwiderstände R_2 verändert sich die Kennlinie gemäß Bild 4.14. Der Anlaßwiderstand wird beim Anlauf kontinuierlich reduziert und kurzgeschlossen, sobald die Maschine die Nenndrehzahl in etwa erreicht hat.

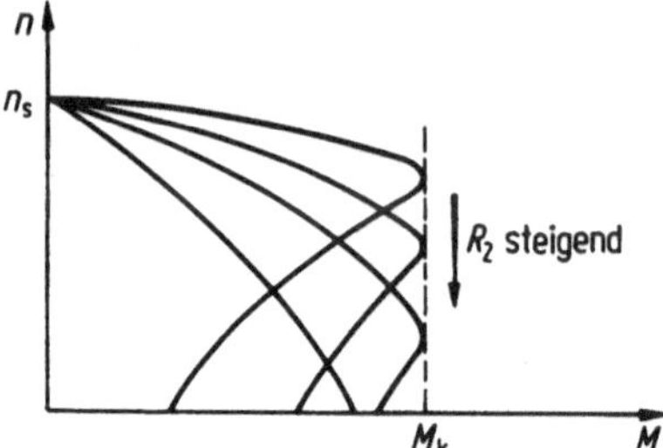

Bild 4.14. Kennlinien der Asynchronmaschine mit zusätzlichem Rotorwiderstand R_2

Eine Drehzahlsteuerung der Asynchronmaschine ist nur mit relativ hohem Aufwand oder Verlusten möglich, da die Drehzahl durch die Frequenz der Statorspeisung weitgehend vorgegeben wird.

Eine erste Möglichkeit bietet die Einfügung von Widerständen im Rotorkreis (wie schon beim Anlassen beschrieben). Damit läßt sich zwar der Kippschlupf und damit die Charakteristik in weiten Grenzen verändern, doch müssen große Leistungsverluste in R_2 in Kauf genommen werden.

Eine Variation der Statorspannung U_1 bringt nur eine quadratische Reduktion des Kippmomentes, ohne jedoch den Verlauf der Charakteristik des Motors stark zu ändern (Bild 4.15).

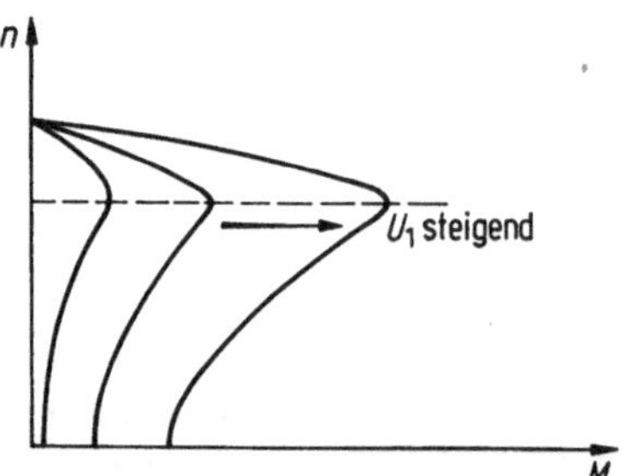

Bild 4.15. Kennlinien der Asynchronmaschine bei variabler Statorspeisung

Eine reale Drehzahlsteuerung wird nur durch eine Variation der Statorfrequenz und damit der synchronen Drehzahl n_s erreicht. Bei entsprechender Steuerung der Motorspannung U_1 werden die Kennlinien gemäß Bild

4.15 in erster Näherung parallel verschoben. Diese Art Drehzahlsteuerung ist nur mit einem relativ hohen Aufwand und insbesondere durch den Einsatz von speziellen dreiphasigen Wechselrichtern möglich.

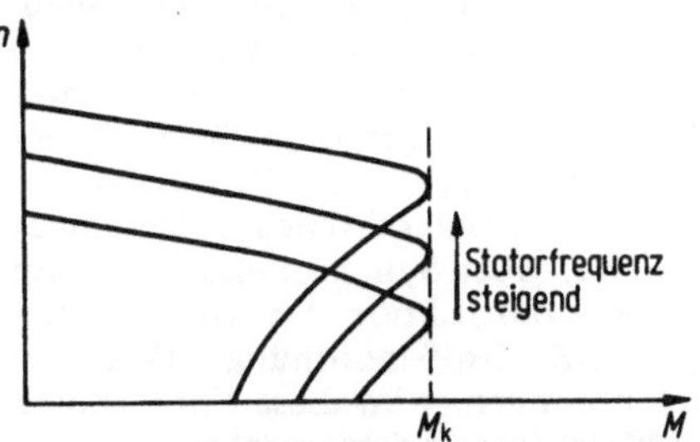

Bild 4.16. Kennlinien der Asynchronmaschine mit variabler Statorfrequenz, U_1 proportional zur Frequenz gesteuert

Eine stufenweise Variation der Drehzahl ist mit Maschinen möglich, bei denen die Polpaarzahl und damit die synchrone Drehzahl n_s geändert werden kann (polumschaltbare Maschinen, „Dahlander-Schaltung").

Eine Drehrichtungsumkehr läßt sich durch einfaches Vertauschen von zwei Statoranschlüssen erreichen, da dadurch der Drehsinn des Drehfeldes umgekehrt wird.

4.2.2 Synchronmaschine

Bei der Synchronmaschine trägt der Stator eine (i.a. dreiphasige) Wechselstromwicklung, während der Rotor (auch Polrad genannt) eine Gleichstromwicklung (oder einen Permanentmagneten) aufweist (Bild 4.17). Ihre Hauptanwendung findet die Synchronmaschine als Generator, wobei je nach Einsatzart verschiedene Charakteristiken erzielt werden.

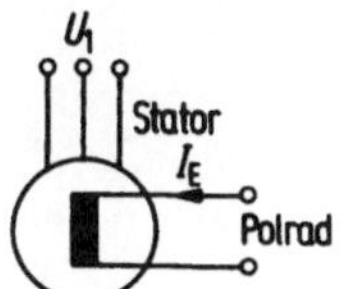

Bild 4.17. Schaltsymbol der Synchronmaschine

Stationäres Verhalten

Im Inselbetrieb arbeitet ein von einer Antriebsmaschine angetriebener Synchrongenerator (nur dieser Fall ist hier von Interesse) allein auf ein Energieverteilungsnetz. In diesem Fall stellt sich die an den Rotorklemmen abgegebene Spannung auf einen Wert entsprechend der Erregung ein, da auch hier allgemein gilt:

$$U_i = c\Phi n,$$

$$U_i = c_1 I_E n.$$

Durch entsprechende Formgebung von Rotor und Stator läßt sich eine sinusförmige induzierte Spannung erreichen, deren Frequenz sich aus der Drehzahl der Antriebsmaschine und der Polpaarzahl der Maschine ergibt.

Wesentlich andere Verhältnisse liegen beim Verbundbetrieb vor, da hier die Spannung und die Frequenz des Netzes starr vorgegeben sind.

Eine an einem solchen Netz arbeitende Maschine weist nur einen stabilen Betriebszustand auf, nämlich den des Synchronismus: Die Drehzahl muß so eingestellt sein, daß die induzierte Spannung exakt die gleiche Frequenz wie das Netz aufweist. In diesem Fall rotieren sowohl das gleichstromerregte Polrad als auch das vom Netz herrührende Drehfeld synchron, so daß die Maschine Energie abgeben (oder aufnehmen) kann.

Laufen die Maschine und das Netz nicht synchron, so treten zwei Effekte auf:

- Das vom Netz herrührende Drehfeld und die vom Erregerstrom durchflossenen Leitungen ändern dauernd ihre gegenseitige Lage, so daß das Drehmoment periodisch (entsprechend der Differenzdrehzahl) sein Vorzeichen ändert, im Mittelwert also Null wird.
- Die induzierte Spannung und die Netzspannung können sich nicht mehr gegenseitig bis auf einen minimalen, zum Energieaustausch nötigen, Restbetrag aufheben, so daß im Statorkreis sehr hohe pulsierende Ströme fließen, welche ein sofortiges Abtrennen der Synchronmaschine vom Netz bedingen.

Entsprechend ergibt sich für die Synchronmaschine eine Kennlinie gemäß Bild 4.18, bei der die Drehzahl unabhängig vom abgegebenen Moment konstant und gleich der synchronen Drehzahl n_s ist. Überschreitet das Moment das Kippmoment M_K, das einem Winkel ϑ von 90°_{el} zwischen Polrad und Dreh-

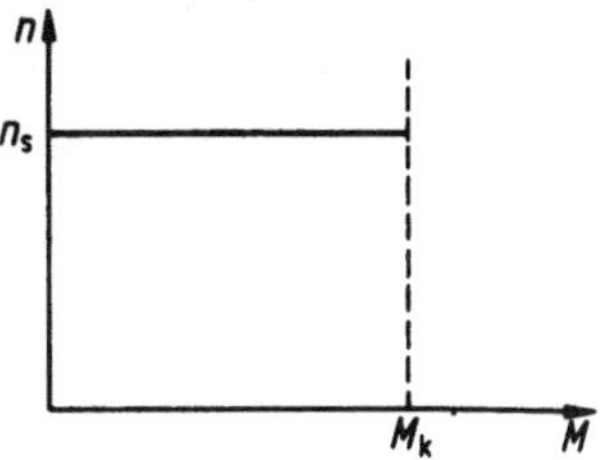

Bild 4.18. Kennlinie der Synchronmaschine

feld entspricht, so fällt die Maschine außer Tritt, und das Drehmoment geht auf den Mittelwert Null zurück. Die Maschine muß, wie oben angegeben, vom Netz getrennt werden.

Anlauf und Steuerung

Da die Maschine nur bei synchronem Lauf Energie aufnehmen oder abgeben kann, muß sie zuerst durch einen zusätzlichen Antriebsmotor auf synchrone oder beinahe synchrone Drehzahl gebracht werden. Gleichzeitig muß durch Variation des Erregerstromes die induzierte Spannung an die des Netzes angepaßt werden (korrekte Phasenfolge beachten). Erst dann darf die Maschine auf das Netz geschaltet und belastet bzw. angetrieben werden.

Im synchronen Lauf ist die Erregung ohne Einfluß auf das Drehmoment, sie beeinflußt lediglich die Phasenverschiebung zwischen Spannung und Rotorstrom (Blindleistung) sowie das maximale zulässige Moment M_K. Die Größe der Wirkleistung bestimmt sich allein aus der Last bzw. der Antriebsmaschine.

Da die Synchronmaschine nur bei synchroner Drehzahl arbeiten kann, ist für die Drehzahlsteuerung eine aufwendige Frequenzvariation (ähnlich wie bei der Asynchronmaschine) notwendig. Weil aber Synchronmaschinen auf Grund ihrer Konstruktion bis zu höchsten Leistungen (z.Z. Größenordnung MVA) gebaut werden können, wird diese Entwicklung intensiv verfolgt (Stromrichtermotor).

C Elektronik

1 Bedeutung und Gliederung

Die Elektronik nimmt in der Elektrotechnik eine sehr wichtige Stellung ein. Sie ermöglicht umfangreiche Informationsverarbeitungen und -übermittlungen und wird in sehr vielen Bereichen eingesetzt. Erwähnt seien hier z.B. die Unterhaltungselektronik, die Computer und die elektrische Meß- und Automatisierungstechnik.

Nachfolgend soll eine Einführung in das breite Gebiet gegeben werden. Es wird versucht, den Inhalt an die Bedürfnisse des Maschinenbaues anzupassen und vor allem die Techniken zu erklären, die im Maschinenbau angewandt werden.

Entsprechend dem Aufbau des Gebietes bestehen die Ausführungen aus zwei Hauptabschnitten, nämlich

- der analogen Elektronik und
- der digitalen Elektronik.

Der vom ersten Abschnitt her bekannte Aufbau über Größen, Elemente und allgemeine Gesetze wird im wesentlichen beibehalten. Die allgemeinen Gesetze gelten natürlich bei allen elektronischen Systemen. In der analogen Technik wird mit den bereits bekannten Größen gearbeitet, während die digitale Technik auf zweiwertigen Größen beruht, die neu eingeführt werden müssen. Eine größere Anzahl von Bauelementen und Bauteilgruppen muß ebenfalls neu eingeführt werden.

2 Analoge Schaltungstechnik

2.1 Einleitung

In diesem Abschnitt sollen die Grundlagen der analogen Schaltungstechnik behandelt werden. Im Vordergrund steht dabei die Methodik, die man beim Schaltungsentwurf anwendet. Es werden hier nur die wichtigsten Komponenten eingeführt und im folgenden einige Grundlagen diskutiert.

Komplizierte Schaltungen, die aus vielen Komponenten bestehen, lassen sich nur dann gut überblicken, wenn man sie in Teilschaltungen zerlegen kann. Man sollte also wie in der Regelungstechnik mit Blockdiagrammen arbeiten und jedem Block eine klare Aufgabe zuweisen. Die Blöcke müssen dabei rückwirkungsfrei sein. Dies bedingt für die einzelnen Teile hohe Eingangs- und niedrige Ausgangswiderstände.

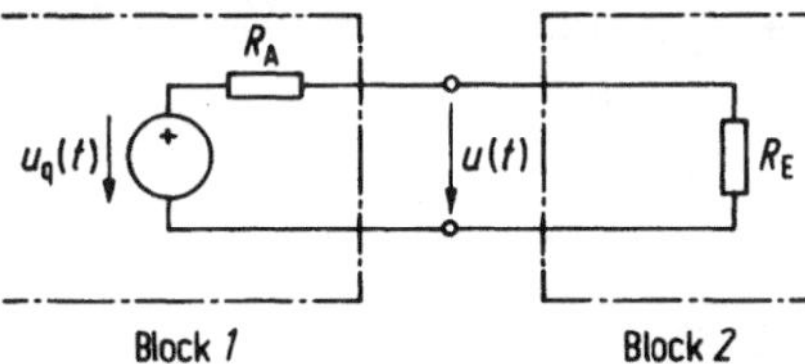

Bild 2.1. Verbindung zweier Teilschaltungen

Wenn man z.B. zwei Teilschaltungen betrachtet (Bild 2.1), wobei bei der einen der Ausgangskreis aus einer Quelle $u_q(t)$ und einem Widerstand R_A, bei der anderen der Eingangskreis aus R_E besteht, so folgt als tatsächliche Spannung

$$u(t) = u_q(t)\frac{R_E}{R_A + R_E} = u_q(t)\frac{1}{1 + R_A/R_E}.$$

Für $R_A/R_E \ll 1$ resultiert $u(t) \cong u_q(t)$, und man muß sich um R_A und R_E nicht weiter kümmern (spannungsmäßige Anpassung). Wie wir später sehen werden, lassen sich viele Schaltungen in der oben angegebenen Weise darstellen.

Eine andere Art von Anpassungsproblem stellt die Leistungsanpassung dar. Dabei geht es darum, aus einer Quelle mit Innenwiderstand (u_q, R_A) eine möglichst große Leistung

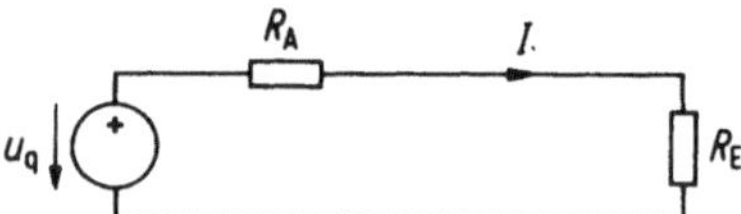

Bild 2.2. Leistungsanpassung

P in den Lastwiderstand R_E zu bringen (Bild 2.2). Es gilt

$$P = R_E I^2,$$

$$I = u_q \frac{1}{R_A + R_E},$$

$$P = R_E I^2 = u_q^2 \frac{R_E}{(R_A + R_E)^2}.$$

Optimieren bezüglich R_E:

$$\frac{\partial P}{\partial R_E} = 0 = u_q^2 \frac{(R_A + R_E)^2 - 2 R_E (R_A + R_E)}{(R_A + R_E)^4},$$

$$R_A^2 + R_E^2 - 2 R_E^2 = 0 \rightarrow R_E = R_A.$$

Falls der Lastwiderstand gleich dem Innenwiderstand gewählt wird, erhält man die maximale Leistung am Lastwiderstand. Für die Leistung der Quelle ergibt sich

$$P_q = u_q I = u_q^2 \frac{1}{R_E + R_A}.$$

für die Leistung an R_E

$$P = R_E I^2 = u_q^2 \frac{R_E}{(R_E + R_A)^2},$$

und für den Wirkungsgrad resultiert

$$\eta = \frac{P}{P_q} = \frac{R_E}{R_E + R_A} = \frac{1}{1 + R_A/R_E}.$$

Bei leistungsmäßiger Anpassung erhält man also

$$\eta = 0{,}5.$$

Eine wichtige Information über eine lineare Teilschaltung stellt ihr Frequenzgang dar. Man trägt dabei die Verstärkung und die Phasenverschiebung für sinusförmige Signale über der Frequenzachse auf (Bilder 2.3, 2.4). Auch wenn dies in der Folge nicht explizit weiter berücksichtigt wird, weisen alle Bauelemente der analogen Schaltungstechnik natürlich einen Frequenzgang auf.

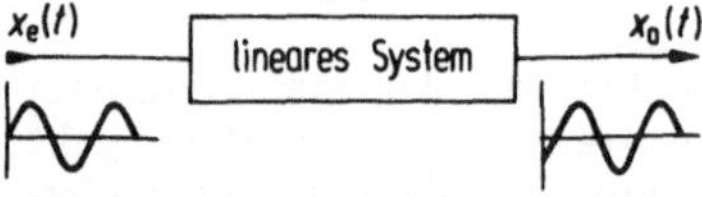

Bild 2.3. Lineares System

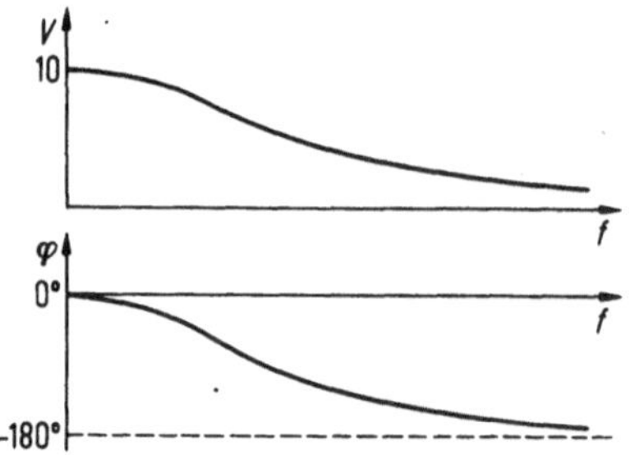

Bild 2.4. Beispiel eines Frequenzganges

2.2 Operationsverstärker

Operationsverstärker sind vielseitig verwendbare Bausteine der analogen Elektronik. Ihr Name rührt daher, daß es sich dabei um einen Verstärker handelt, der durch einfache Beschaltung die verschiedensten Operationen wie Verstärken, Addieren, Integrieren usw. ausführen kann.

Neben einigen für die Untersuchung der Wirkungsweise unwesentlichen Anschlüssen für Speisespannung und Abgleich- oder Kompensationsnetzwerke, über die das jeweilige Datenblatt Auskunft gibt, enthält das Element drei Anschlüsse, nämlich zwei Eingänge und einen Ausgang. Die Wirkungsrichtung ist damit vorgegeben und kann nicht geändert werden. Bild 2.5 zeigt das Schaltsymbol des Elementes.

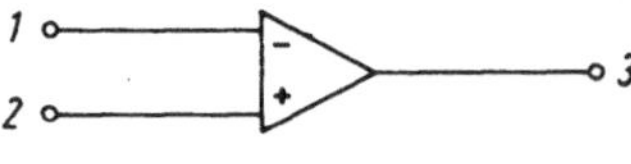

Bild 2.5. Operationsverstärker mit den Anschlüssen: *1* invertierender Eingang; *2* nicht invertierender Eingang; *3* Ausgang. Alle drei Anschlüsse werden gegen ein gemeinsames Grundpotential (Masse) bezogen

Ein einfaches Ersatznetzwerk ist im Bild 2.6 dargestellt. Typische Werte sind dabei etwa $A(u) = 10^5 \ldots 10^6$, $Z_E = 10^6 \ldots 10^{12}\,\Omega$, $Z_A = 10^6 \ldots 10^{12}\,\Omega$, $Z_0 = 10 \ldots 10^3\,\Omega$.

Bei Z_E, Z_A und Z_0 handelt es sich um komplexe Impedanzen. Bei tiefen Frequenzen darf man mit rein ohmschen Widerständen rechnen, was in der Folge getan wird. Die Bezeichnung „Z" wird beibehalten, um die Beschreibung der Verstärker deutlich von derjenigen der zugeschalteten Widerstände zu trennen.

Für $A(u)$ erhält man bei Gleichspannung eine Kennlinie nach Bild 2.7. Die Beschrän-

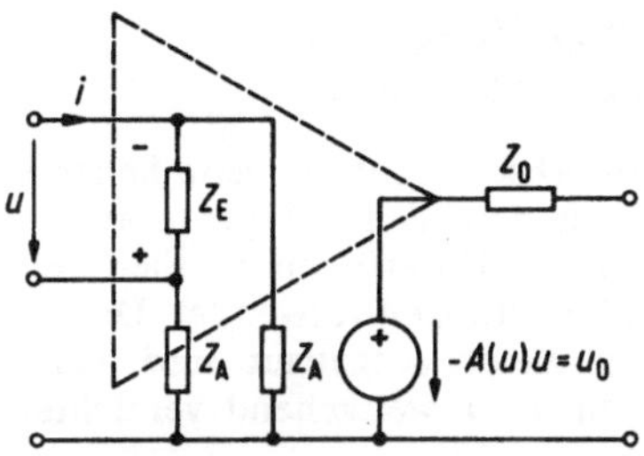

Bild 2.6. Ersatznetzwerk für einen Operationsverstärker

kung ist durch die Speisespannung (meist ± 15 V) bedingt. Die oben angegebenen Werte für A beziehen sich auf den linearen Bereich, in dem bei vielen Schaltungen gearbeitet wird. Dort gilt

$$u_0 = -Au.$$

Bild 2.7. Statische Kennlinie eines Operationsverstärkers

A zeigt eine starke Abhängigkeit von der Frequenz, die von der in Bild 2.8 angegebenen Form ist.

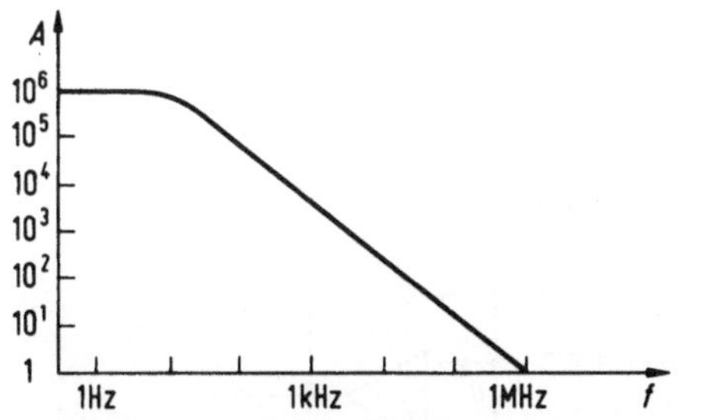

Bild 2.8. Amplitudengang eines Operationsverstärkers

Für die Anwendung werden die Operationsverstärker in geeigneter Weise mit Widerständen und Kapazitäten beschaltet.

Nachfolgend soll gezeigt werden, daß für die Berechnung von Schaltungen in zahlreichen Fällen ein sehr einfaches Ersatzschema verwendet werden darf. Dazu wird die Schaltung in Bild 2.9 untersucht.

Mit dem Ersatzschema des Verstärkers erhält man Bild 2.10. Hierin können Z_E und Z_A

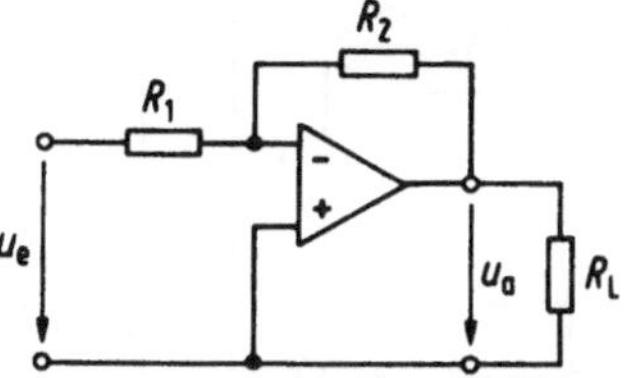

Bild 2.9. Schaltung mit Operationsverstärker
$R_1 = 10\,k\Omega$, $R_2 = 50\,k\Omega$, $R_L = 10\,k\Omega$

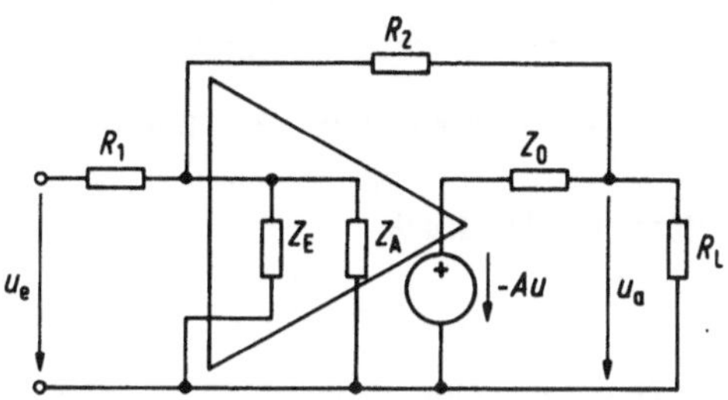

Bild 2.10. Ersatzschema einer Schaltung

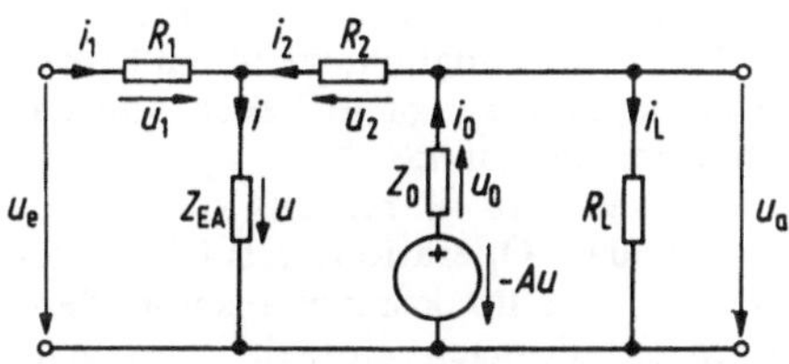

Bild 2.11. Resultierendes Netzwerk

in Z_{EA} zusammengefaßt werden. Das Bild 2.11 zeigt das resultierende Netzwerk im linearen Bereich von A.

Die Anwendung von Maschen- und Knotenregel ergibt z.B. den folgenden Satz von Gleichungen

$$u_e - u = u_1, \qquad i = u/Z_{EA},$$

$$i_1 = u_1/R_1, \qquad i_L = u_a/R_L,$$

$$-i_2 = i_1 - i, \qquad i_0 = i_2 + i_L,$$

$$u_2 = R_2 i_2, \qquad -Au = u_a + Z_0 i_0.$$

$$u_a = u + u_2,$$

Diese Gleichungen werden nun in einem Blockdiagramm, das aus rückwirkungsfreien Blöcken besteht, dargestellt (Bild 2.12). Aus ihm ersieht man, daß

$$u \simeq 0, \quad i \simeq 0$$

erhalten wird, wenn nur A und Z_{EA} hinreichend groß sind. In diesem Fall vereinfacht sich das Schema wesentlich und man erhält

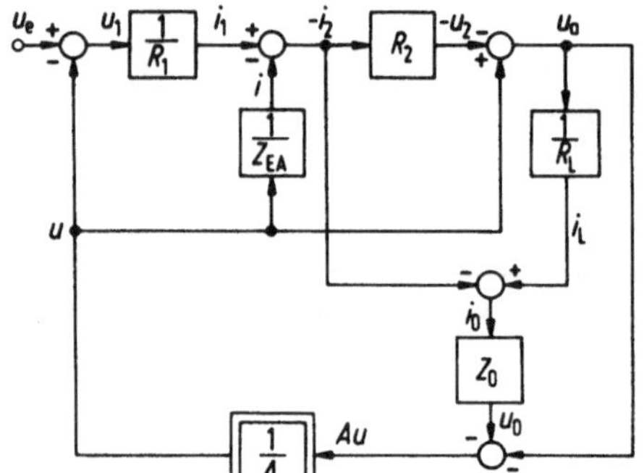

Bild 2.12. Resultierendes Blockdiagramm

den einfachen Ausdruck

$$u_a = -\frac{R_2}{R_1} u_e.$$

Die Daten der Operationsverstärker sind so gewählt, daß man in vielen Fällen in einem beschränkten Frequenzbereich mit dieser Vereinfachung arbeiten darf. Das ist – wie man sich leicht überlegt – nur möglich, wenn ein Strom i_2 vom Ausgang zum Eingang fließen und damit i_1 kompensieren kann.

Diese Überlegungen führen uns zur Definition eines idealen Operationsverstärkers gemäß Bild 2.13. Mit ihr können insbesondere alle linearen Schaltungen einfach untersucht werden.

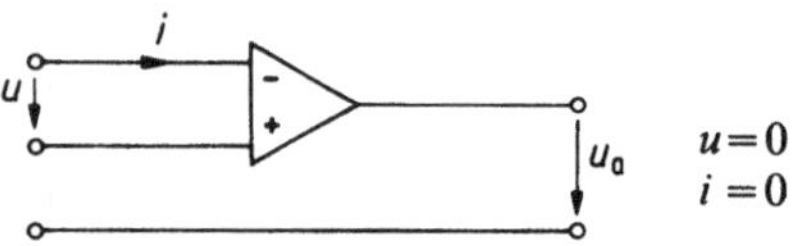

Bild 2.13. Definition des idealen Operationsverstärkers

Wenn man mit der idealisierten Betrachtung nicht zufrieden ist, kann man für jede Schaltung ein Blockdiagramm wie in Bild 2.12 entwickeln und dieses exakt oder näherungsweise durchrechnen. In den folgenden Abschnitten werden fast alle Schaltungen mit dem idealen Verstärker entworfen. Dies ist für die meisten praktischen Anwendungen ausreichend.

Zusammenfassend soll noch einmal festgehalten werden, daß dank der hohen Verstärkung des quasi-idealen Operationsverstärkers seine Ein- und Ausgangswiderstände keine Rolle mehr spielen und daß die Übertragungseigenschaften nur durch die angeschlossenen Widerstände R_1 und R_2 bestimmt sind.

2.3 Lineare Schaltungen mit Operationsverstärkern

Das im vorigen Abschnitt gefundene Schema von Bild 2.13 für den idealen Operationsverstärker wird für die Untersuchung einer ganzen Reihe von Schaltungen verwendet. Da alle Untersuchungen gleich aufgebaut sind, kann auf erläuternden Text weitgehend verzichtet werden.

Verstärker mit Inversion

Schema: Bild 2.14.

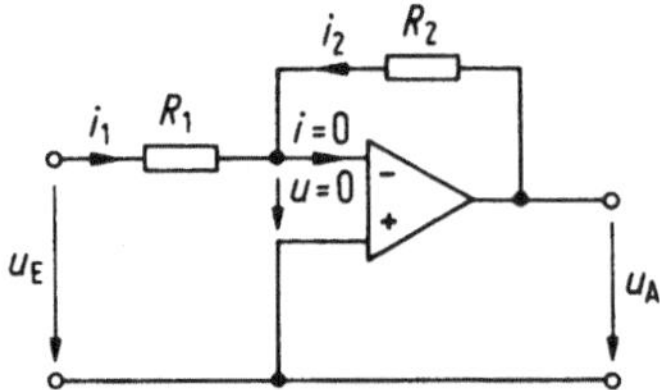

Bild 2.14. Invertierender Verstärker

Analyse:

$$u=0 \rightarrow i_1 = \frac{u_E}{R_1}; \quad i_2 = \frac{u_A}{R_2},$$

$$i=0 \rightarrow i_1 + i_2 = i = 0,$$

$$\frac{u_E}{R_1} + \frac{u_A}{R_2} = 0,$$

$$u_A = -\frac{R_2}{R_1} u_E.$$

Addition zweier Spannungen

Schema: Bild 2.15.

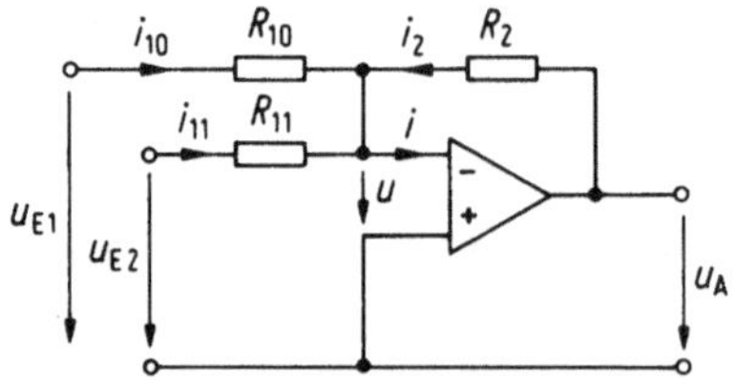

Bild 2.15. Addition zweier Spannungen

Analyse:

$$u=0 \rightarrow i_{10} = \frac{u_{E1}}{R_{10}}; \quad i_{11} = \frac{u_{E2}}{R_{11}}; \quad i_2 = \frac{u_A}{R_2},$$

$$i=0 \rightarrow i_{10} + i_{11} + i_2 = 0 = \frac{u_{E1}}{R_{10}} + \frac{u_{E2}}{R_{11}} + \frac{u_A}{R_2},$$

$$u_A = -\left(\frac{R_2}{R_{11}} u_{E2} + \frac{R_2}{R_{10}} u_{E1}\right).$$

Dieses Resultat könnte auch direkt durch Anwendung des Überlagerungssatzes erhalten werden.

Verstärkung ohne Inversion

Schema: Bild 2.16.

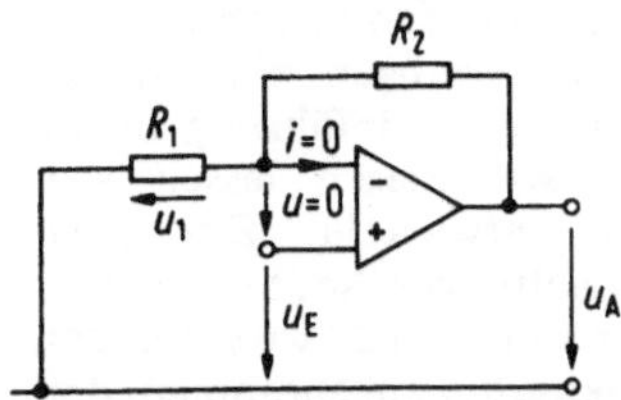

Bild 2.16. Verstärker ohne Inversion

Analyse:

$$i=0 \rightarrow u_1=u_A\frac{R_1}{R_1+R_2},$$

$$u=0 \rightarrow u_1=u_E,$$

$$u_E=u_A\frac{R_1}{R_1+R_2},$$

$$u_A=u_E\left(1+\frac{R_2}{R_1}\right).$$

Mit dieser Schaltung erreicht man einen sehr hohen Eingangswiderstand. Theoretisch wird er unendlich, praktisch kommt er in die Größenordnung von Z_A (Elektrometerverstärker).

Differenzverstärker

Schema: Bild 2.17.

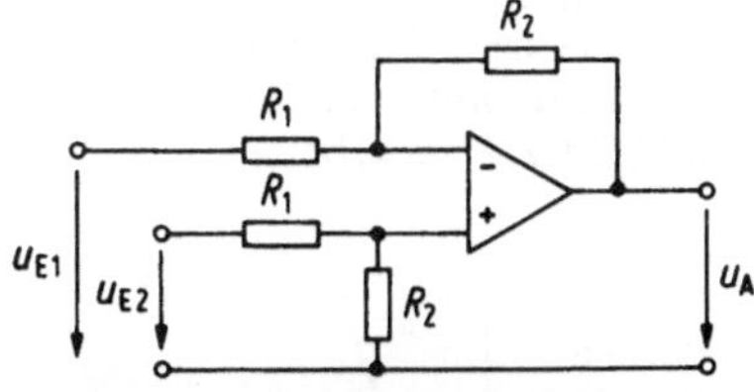

Bild 2.17. Differenzverstärker

Analyse: Anwendung des Überlagerungssatzes:

$$u_{E2}=0 \rightarrow u_A=-\frac{R_2}{R_1}u_{E1},$$

$$u_{E1}=0 \rightarrow u_A=u_{E2}\frac{R_2}{R_1+R_2}\,\frac{R_1+R_2}{R_1}$$

$$=u_{E2}\frac{R_2}{R_1},$$

Überlagerung:

$$u_A=\frac{R_2}{R_1}(u_{E2}-u_{E1}).$$

Integrator

Schema: Bild 2.18.

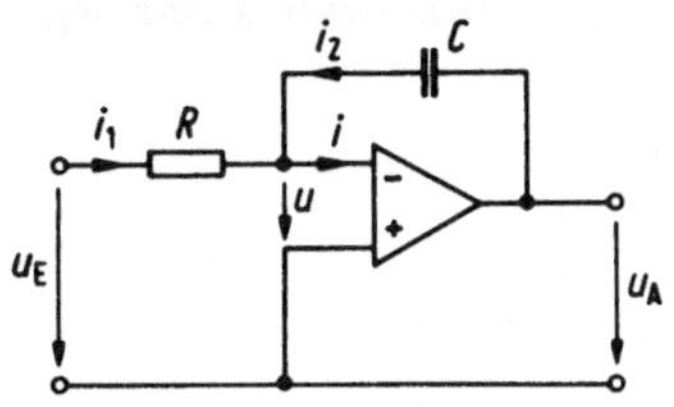

Bild 2.18. Integrator

Analyse:

$$u=0 \rightarrow i_1=\frac{u_E}{R}; \quad i_2=C\frac{du_A}{dt},$$

$$i=0 \rightarrow i_1+i_2=0=\frac{u_E}{R}+C\frac{du_A}{dt},$$

$$\frac{du_A}{dt}=-\frac{1}{RC}u_E,$$

$$u_A(t)=-\frac{1}{RC}\int_0^t u_E\,dt+u_A(0).$$

Um die Anfangsbedingung $u_A(0)$ aufzubringen, werden spezielle Zusatzschaltungen verwendet. Bei Wechselspannungen könnte hier, wie auch bei den folgenden Beispielen, auch mit der komplexen Rechnung gearbeitet werden.

Verstärker und Integratoren bilden die Grundbausteine der sog. Analogrechner. Mit diesen Rechnern können anspruchsvolle Aufgaben gelöst werden.

Differentiator

Schema: Bild 2.19.

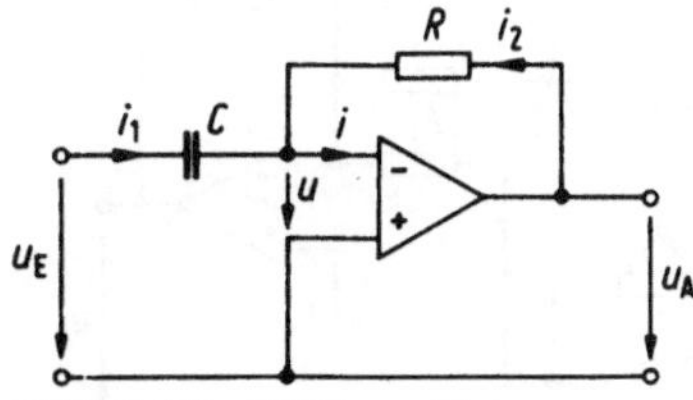

Bild 2.19. Differentiator

Analyse:

$$u=0 \rightarrow i_1=C\frac{du_E}{dt}; \quad i_2=\frac{u_A}{R},$$

$$i=0 \rightarrow i_1+i_2=0=\frac{u_A}{R}+C\frac{du_E}{dt},$$

$$u_A=-RC\frac{du_E}{dt}.$$

Da die ideale Differentiation eine ungünstige Schaltung darstellt (hohe Verstärkung von hohen Frequenzen, Störsignalen), wird meistens ein kleiner Dämpfungswiderstand R_D gemäß Bild 2.20 eingebaut.

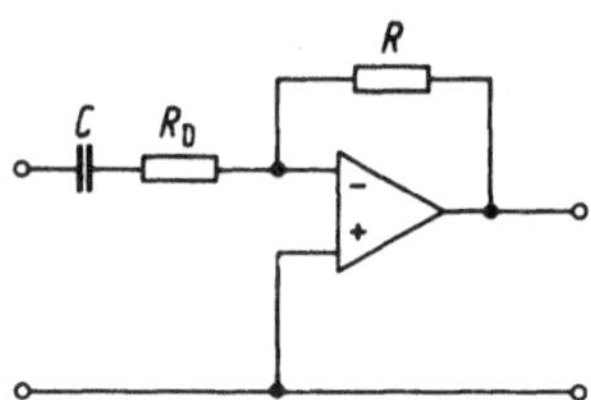

Bild 2.20. Differentiator mit Dämpfungswiderstand

Mit den bisher besprochenen Elementen kann nun z.B. ein Proportional-Integral-Differential (PID)-Regler wie folgt entworfen werden:

Funktion (s: Sekunde):

$$u_A = 3u_E + 1\,s^{-1} \int u_E\,dt + 0{,}5\,s\,\frac{du_E}{dt},$$

Schema: Bild 2.21, mit

$$R_2C_2 = 1{,}0\,s, \quad R_3C_3 = 0{,}5\,s, \quad R_D \ll R_3.$$

Durch einen konzentrierten Entwurf können auch ganze PID-Regler mit einem Operationsverstärker entworfen werden. Auf solche spezielle Fragen soll hier nicht eingegangen werden.

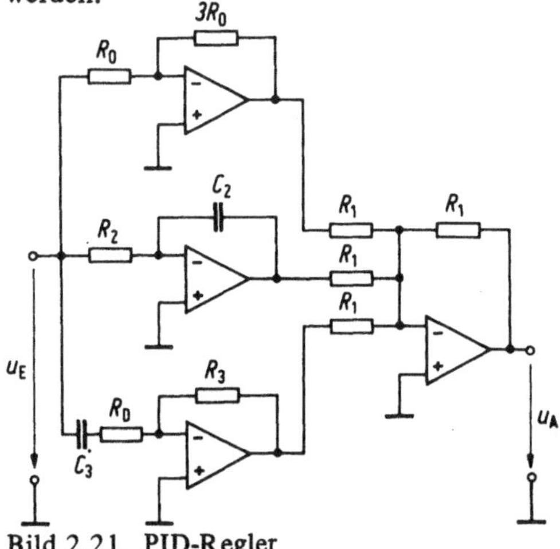

Bild 2.21. PID-Regler

2.4 Dioden und Transistoren

2.4.1 Einleitung

Die Dioden und Transistoren sind Halbleiterbauelemente und gehören zu den eigentlichen Grundbausteinen der analogen und der digitalen Elektronik. So werden zum Beispiel Operationsverstärker und digitale Funktionseinheiten aus Transistoren und Dioden aufgebaut.

Alle Halbleiterbauelemente weisen relativ große Streuungen ihres Betriebsverhaltens und eine starke Temperaturabhängigkeit auf, was ihren Einsatz unter Umständen erschwert.

Die folgenden Ausführungen können nur eine sehr knapp gehaltene Einführung in die Grundlagen geben. Mit diesen lassen sich kaum Schaltungen entwickeln. Zur Analyse bestehender Schaltungen sollten sie aber in vielen Fällen genügen. Auch wird für den ganzen Abschnitt weiterhin angenommen, daß das dynamische Verhalten der Elemente nicht berücksichtigt werden muß.

Nachfolgend wird zum ersten Male mit nichtlinearen Elementen gearbeitet. Bei ihnen gilt bekanntlich der Überlagerungssatz nicht. Für die Lösung von nichtlinearen Differentialgleichungen oder Gleichungssystemen werden vorwiegend die folgenden Techniken verwendet:

- Linearisierung in einem kleinen Bereich,
- graphische Lösungen,
- Lösung mit einem Computer.

Einige kleine Aufgaben werden hier graphisch gelöst.

2.4.2 Dioden

Dioden sind elektronische Bauelemente mit zwei Anschlüssen und nichtlinearer Kennlinie $i_D = f(u_D)$ der in Bild 2.22 dargestellten Art. Sie zeigen demnach ein stark asymmetrisches Verhalten bezüglich $u_D = 0$. Für viele Untersuchungen wird mit der idealisierten Kennlinie gemäß Bild 2.23 gearbeitet.

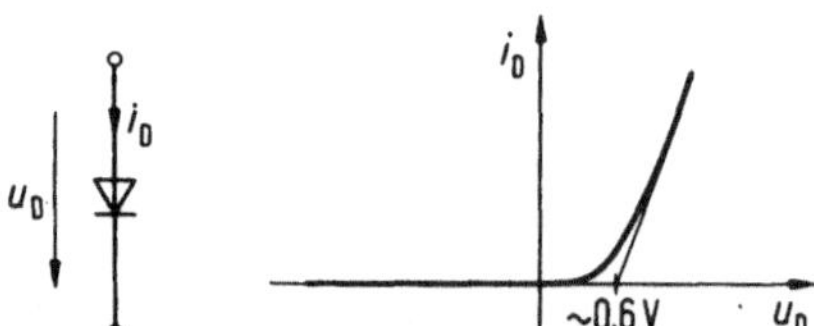

Bild 2.22. Diode mit Diodenkennlinie

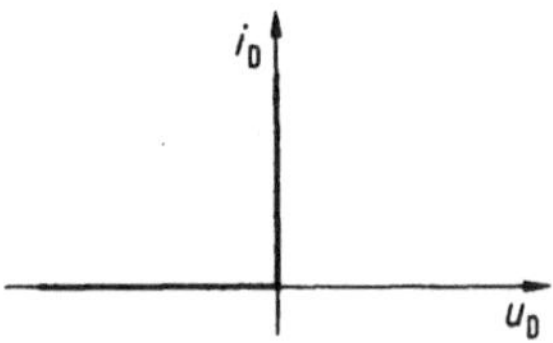

Bild 2.23. Kennlinie der idealen Diode

Dioden werden hauptsächlich in Gleichrichteraufgaben eingesetzt.

Es soll nun die einfache Schaltung nach Bild 2.24 analysiert werden, und zwar zunächst mit einer idealen Diode. Die Maschenregel ergibt

$$u_0 = u_A + u_D = R\,i_D + u_D,$$

wobei der Zusammenhang zwischen i_D und u_D durch die ideale Diodenkennlinie gemäß Bild 2.23 gegeben ist. Entsprechend dieser Kennlinie muß immer entweder der Strom i_D oder die Spannung u_D gleich null sein. Dies ergibt die beiden Fälle

$$i_D = 0 : u_D = u_0 \qquad (1)$$

$$u_D = 0 : i_D = \frac{u_0}{R}. \qquad (2)$$

Der Fall (1) tritt offensichtlich für $u_0 \leq 0$ und der Fall (2) für $u_0 > 0$ auf.

$u_0 = A \sin \omega t$

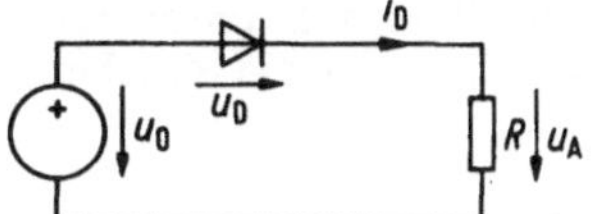

Bild 2.24. Schaltung mit Diode

Damit kann die Lösung skizziert werden (Bild 2.25).

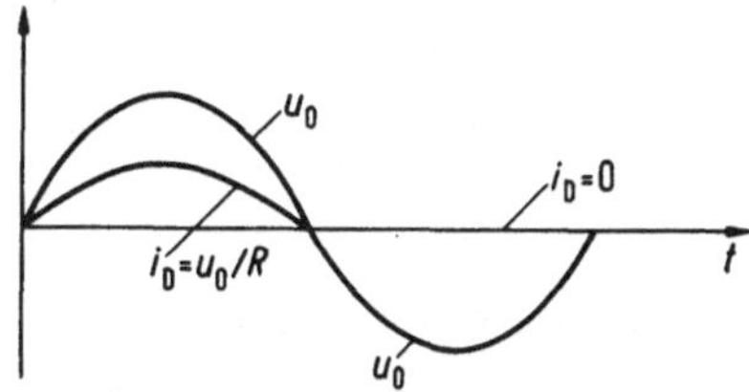

Bild 2.25. Spannungs- und Stromverlauf einer Diodenschaltung

Nun soll auch noch die direkte Lösung bei Verwendung der Diodenkennlinie nach Bild 2.22 diskutiert werden. Aus

$$u_0 = R\,i_D + u_D$$

mit u_0 = const erhält man in der Ebene u_D, i_D eine Gerade (Bild 2.26).

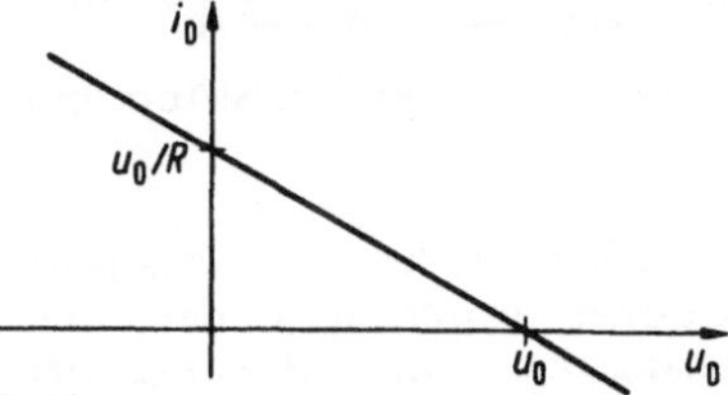

Bild 2.26. Lastgerade

Zudem ist u_D mit i_D über die Kennlinie verknüpft. Im Schnittpunkt der Lastgeraden mit der Kennlinie sind beide Bedingungen erfüllt (Bild 2.27). Über der Diode liegt die Spannung u_D' und über dem Widerstand die Spannung u_A. Aus der Konstruktion kann u_A abgelesen werden. Wiederholte Anwendung ergibt etwa das Bild 2.28.

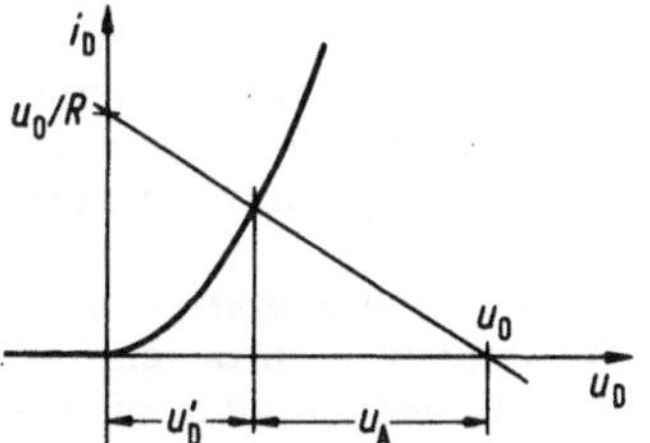

Bild 2.27. Kennlinie einer Diode und Lastgerade

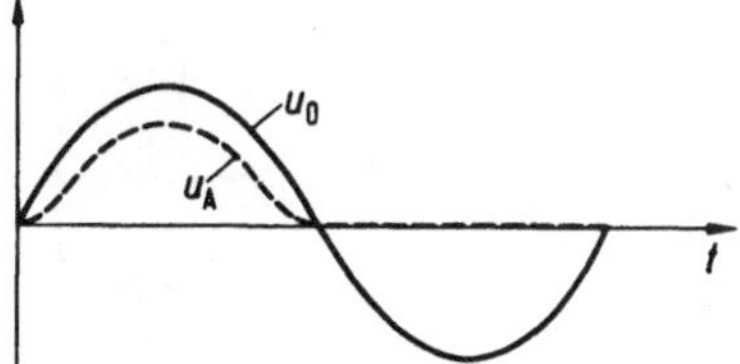

Bild 2.28. Spannungsverläufe einer Diodenschaltung

Neben den gewöhnlichen Dioden existieren noch verschiedene Spezialdioden, so z.B. Zener-Dioden zur Spannungsstabilisierung (Bild 2.29). u_Z liegt normalerweise zwischen 3 V und 100 V.

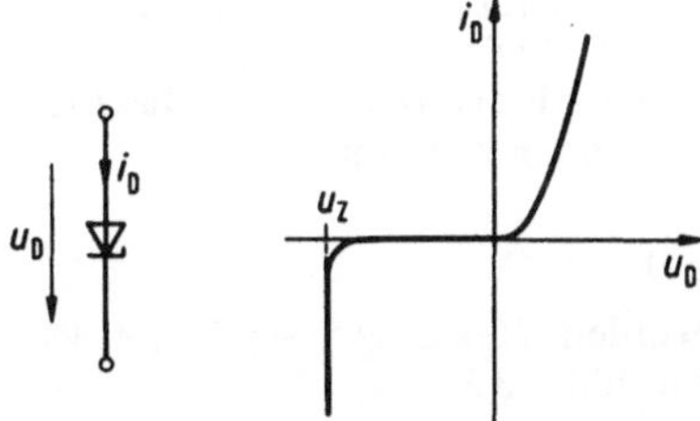

Bild 2.29. Zener-Diode und Kennlinie

2.4.3 Bipolartransistoren

Bipolartransistoren werden aus Halbleiterschichten mit geeignet gewählten Verunreinigungen (p-Material und n-Material) hergestellt. Aus der Schichtfolge leiten sich die Namen pnp-Transistor und npn-Transistor für die beiden Transistortypen ab. Die in Bild 2.30 dargestellten Transistoren haben drei Anschlüsse.

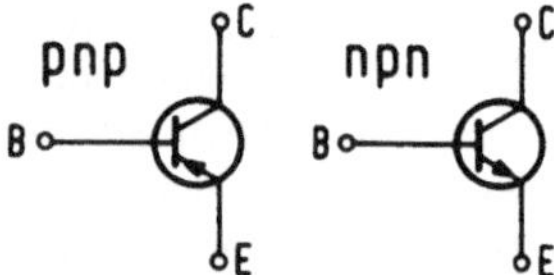

Bild 2.30. Transistor-Symbole
B: Basis, E: Ermitter, C: Kollektor
Die Kreise können weggelassen werden

Es soll hier nur der npn-Transistor weiter diskutiert werden. Beim pnp-Transistor ist die Polarität aller Ströme und Spannungen gerade umgekehrt.

Von den möglichen Schaltungsarten wird hier nur die meistverwendete besprochen, bei der der Emitter sowohl dem Steuerkreis als auch dem gesteuerten Kreis angehört. Die Spannungen und Ströme werden gemäß Bild 2.31 eingeführt und bezeichnet.

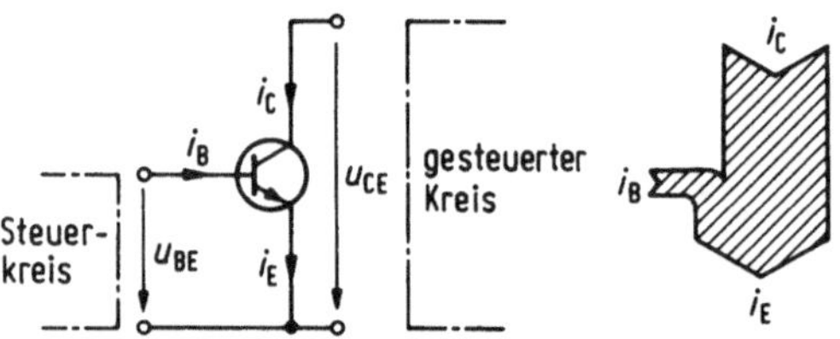

Bild 2.31. Spannungen und Ströme im Transistor

Wie in Bild 2.31 anschaulich dargestellt ist, kann beim Transistor mit einem relativ kleinen Basisstrom im Steuerkreis ein relativ großer Kollektorstrom im gesteuerten Kreis beeinflußt werden.

In der hier verwendeten Schaltung besteht praktisch keine Rückwirkung vom gesteuerten Kreis auf den Steuerkreis. Damit kann das Element durch die beiden Kennlinien

$$i_B = f_1(u_{BE}),$$

$$i_C = f_2(i_B, u_{CE})$$

beschrieben werden. Messungen ergeben etwa die Kurven von Bild 2.32.

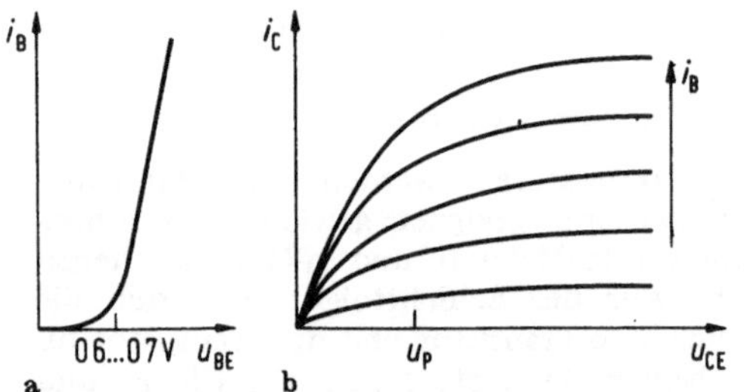

Bild 2.32. Transistorkennlinien mit Eingangskennlinie (a) und Ausgangskennlinienfeld (b)

Im Eingangskreis wirkt der Transistor wie eine Diode.

Wenn der Transistor im Gebiet $u_{CE} > u_P$ mit kleinen Signalen um einen festen Arbeitspunkt herum betrieben wird, kann man aus den Kennlinien angenähert das in Bild 2.33 dargestellte Ersatzschema ermitteln. Typische Werte sind etwa $\beta = 100 \ldots 200$, $R_{BE} = 1\,\mathrm{k\Omega} \ldots 100\,\mathrm{k\Omega}$, $R_{CE} = 10\,\mathrm{k\Omega} \ldots 1\,\mathrm{M\Omega}$.

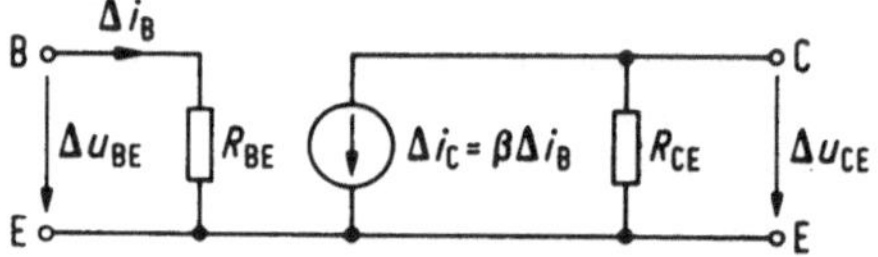

Bild 2.33. Resultierendes Ersatzschema

Nachfolgend werden einige Anwendungsbeispiele gegeben.

Transistor mit Lastwiderstand

Die Schaltung in Bild 2.34 soll untersucht werden. Wie bei der Diode ergibt die Maschengleichung

$$u_0 = u_{CE} + R\,i_C$$

eine Lastgerade in der Ebene u_{CE}, i_C. Das Verhalten kann also im Kennlinienfeld 2.35 diskutiert werden. Man erhält $u_{CE} = u'_{CE}$.

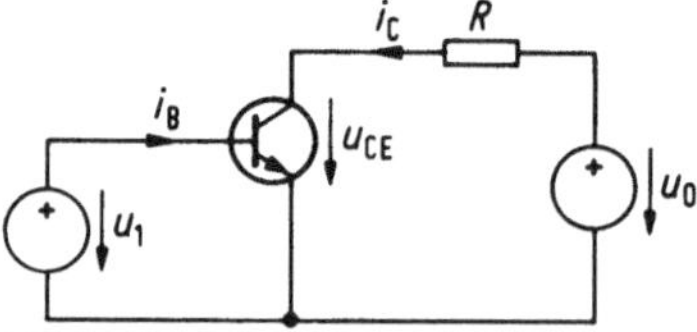

Bild 2.34. Schaltung eines Transistors mit Lastwiderstand

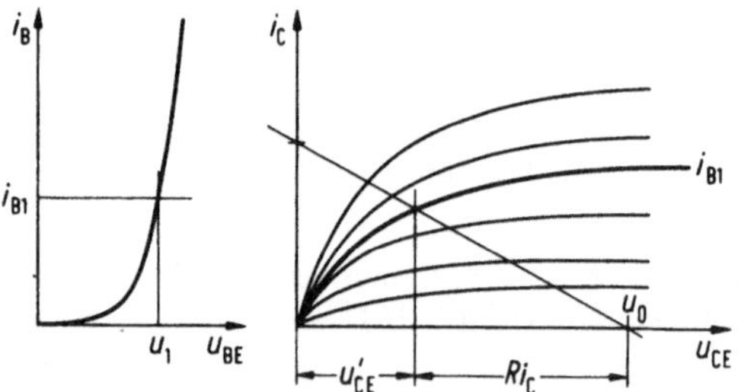

Bild 2.35. Kennlinien eines Transistors mit Lastwiderstand

In dieser einfachen Art kann die Schaltung nicht als Verstärker verwendet werden, weil Temperaturabhängigkeit und Streuung der Exemplare zu groß sind.

Einfache Verstärkerstufe

Eine sehr einfache Stufe zur Verstärkung von Wechselspannungssignalen ist in Bild 2.36 dargestellt. Die Widerstände R_1 bis R_5 dienen zur Einstellung und Stabilisierung des Arbeitspunktes im Kennlinienfeld. Mit C_1 kann das Eingangssignal $u_{\tilde{e}}$ dem Arbeitspunkt überlagert werden und C_2 koppelt das Signal $u_{\tilde{a}}$ aus. C_3 schließt R_4 für die Wechselsignale kurz. Die Kapazitäten werden so gewählt, daß sie bei der Betrachtung der Wechselspannungen vernachlässigt werden können. Wenn nur die Wechselspannungssignale verfolgt werden, erhält man das Ersatzschema nach Bild 2.37.

Bei $u_{BE} = R_{BE} i_B \simeq 0$, $R_{CE} \to \infty$, $i_C \simeq i_E$ als Vereinfachung ergibt sich

$$u_{\tilde{a}} = -R_3 i_C,$$

$$u_{\tilde{e}} = R_5 i_C$$

und daraus

$$-\frac{u_{\tilde{a}}}{R_3} = \frac{u_{\tilde{e}}}{R_5}$$

oder

$$u_{\tilde{a}} = -\frac{R_3}{R_5} u_{\tilde{e}}$$

wie bei einem Operationsverstärker.

Operationsverstärker

Bild 2.38 zeigt noch den Aufbau eines häufig verwendeten Operationsverstärkers.

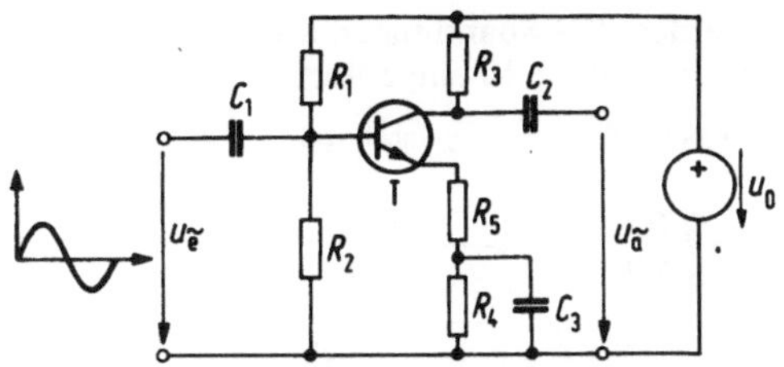

Bild 2.36. Einfache Verstärkerstufe

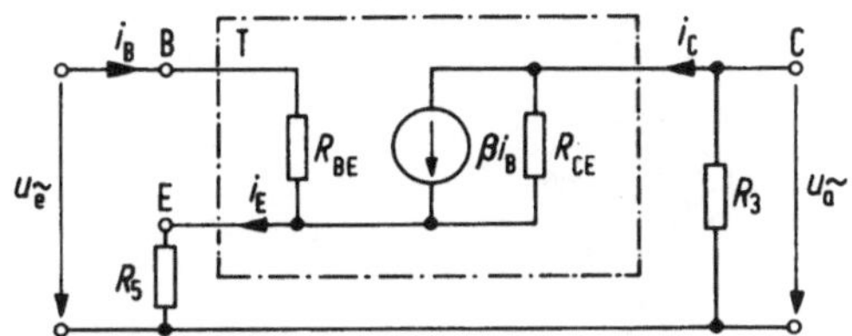

Bild 2.37. Ersatzschema einer einfachen Verstärkerstufe

2.4.4 Feldeffekttransistoren

Bei den Feldeffekttransistoren (FET) wird der Stromfluß im Lastkreis durch Änderung eines elektrischen Feldes im Steuerkreis gesteuert. Diese Änderung kann praktisch leistungslos erfolgen. Daraus resultiert ein sehr hoher Widerstand im Steuerkreis.

Ähnlich wie bei den Bipolartransistoren unterscheidet man auch hier zwei Typen, den n-Kanal-FET und den p-Kanal-FET (Bild 2.39). Nur der n-Kanal-FET soll weiter disku-

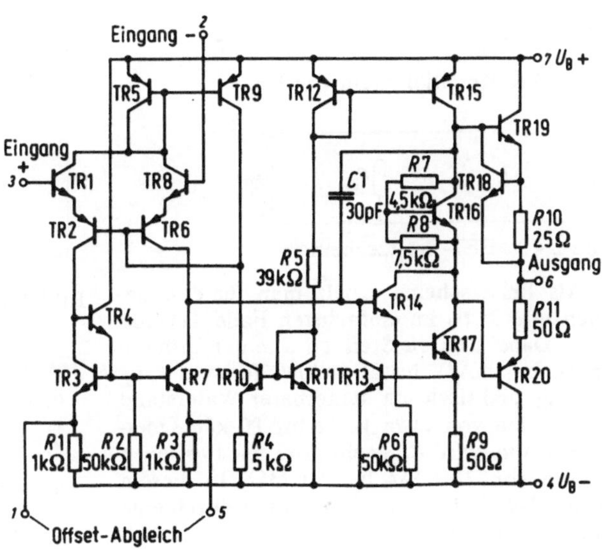

Bild 2.38. Schaltschema eines Operationsverstärkers

tiert werden. Die Spannungen und Ströme werden gemäß Bild 2.40 eingeführt.

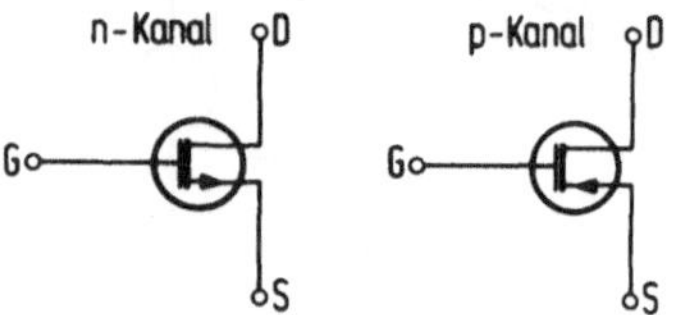

Bild 2.39. Feldeffekttransistoren
G: Gate, S: Source, D: Drain

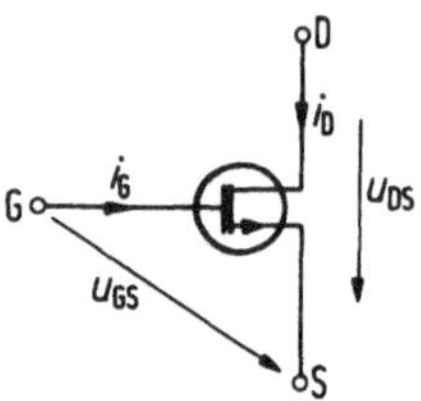

Bild 2.40. Spannungen und Ströme beim n-Kanal-FET

Des hohen Eingangswiderstands wegen gilt mit guter Genauigkeit $i_G = 0$. Damit muß für die Beschreibung nur das Ausgangskennlinienfeld

$$i_D = f(u_{GS}, u_{DS})$$

angegeben werden, welches den in Bild 2.41 dargestellten prinzipiellen Verlauf hat.

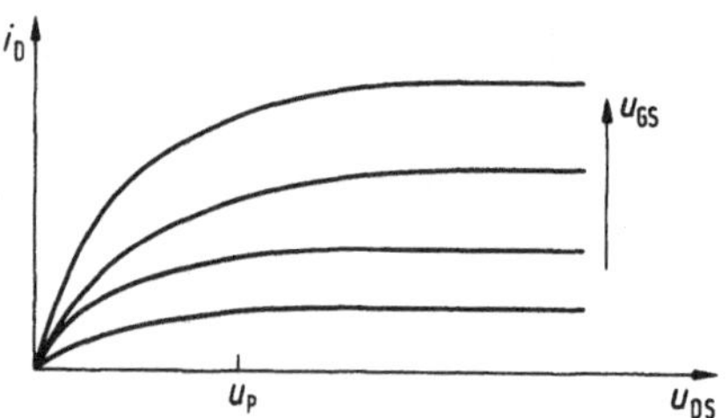

Bild 2.41. Kennlinienfeld von FET

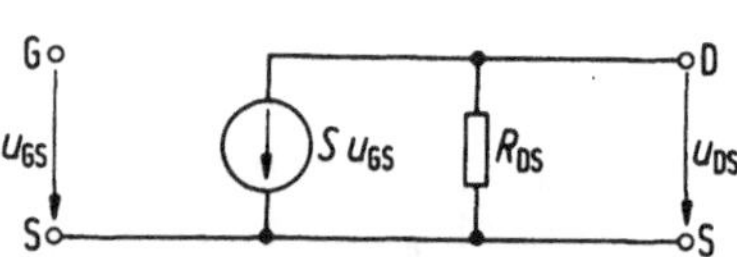

Bild 2.42. FET-Ersatzschema

Als Ersatzschema erhält man für den Bereich $u_{DS} > u_P$ im einfachsten Falle das Bild 2.42. Dabei liegt die Steilheit S in der Größenordnung 1 mA/V bis 20 mA/V. für $u_{DS} < u_P$ ist R_{DS} praktisch ein steuerbarer Widerstand mit Werten von etwa 10 Ω bis 10 kΩ. Oberhalb von u_P wird R_{DS} sehr groß mit typischen Werten von 100 kΩ bis 10 MΩ. In diesem Gebiet läßt sich der FET recht gut durch eine Transferkennlinie beschreiben (Bild 2.43). Dasselbe Symbol wird hier für die beiden Arten nach Bild 2.43 verwendet.

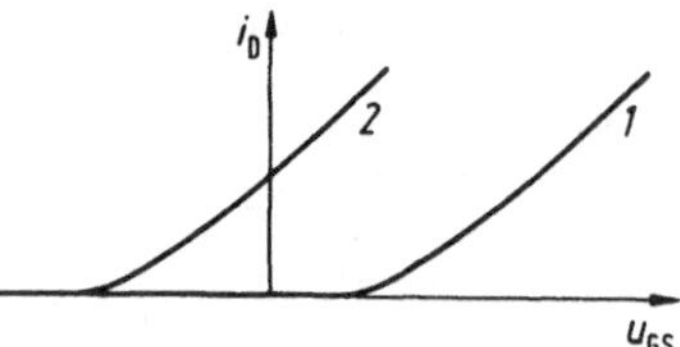

Bild 2.43. Transferkennlinien. *1* selbstsperrender FET. *2* selbstleitender FET

Es soll noch eine Schaltung, die später in der Digitaltechnik Verwendung finden wird, untersucht werden (Bild 2.44).

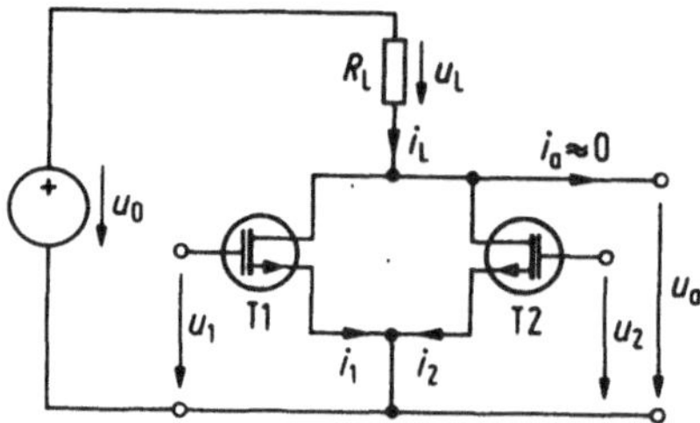

Bild 2.44. Schaltung aus der Digitaltechnik

Analyse:

Maschenregel: $u_0 = u_a + u_L$,

Knotenregel: $i_L = i_1 + i_2$,

Elementgleichungen: T_1: $i_1 = f_1(u_1, u_a)$,
T_2: $i_2 = f_2(u_2, u_a)$,
$u_L = R_L i_L$.

Kennlinien: Bild 2.45.

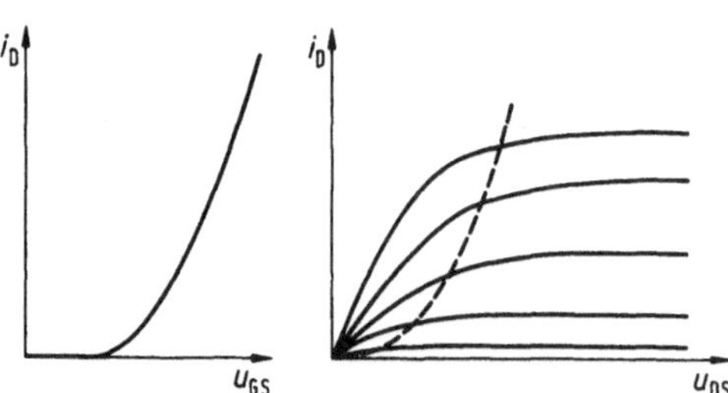

Bild 2.45. Kennlinien, selbstsperrender FET

Annahme: Es interessieren nur die vier Fälle

$u_1 = 0$; $u_2 = 0$, (1)

$u_1 = 0$; $u_2 = u_0$, (2)

$u_1 = u_0$; $u_2 = 0$, (3)

$u_1 = u_0$; $u_2 = u_0$, (4)

Wenn u_1 oder u_2 gleich null ist, kann im betreffenden Transistor kein Strom fließen. Damit lassen sich die Fälle (1) bis (3) vereinfachen.

Fall (1): $u_1 = 0$ und $u_2 = 0 \rightarrow$
$i_1 = 0,\ i_2 = 0 \rightarrow i_L = 0$
$\rightarrow u_a = u_0$.

Fall (2): $u_1 = 0 \rightarrow i_1 = 0$.

Es bleibt die in Bild 2.46 dargestellte Schaltung bzw. die Gleichung

$$u_0 = u_a + R_L f_2(u_0, u_a).$$

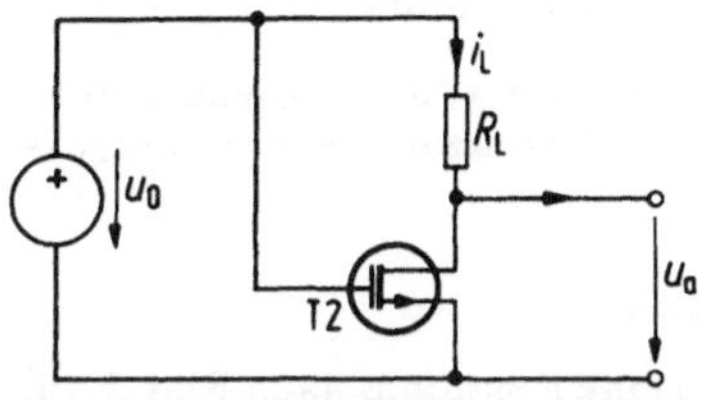

Bild 2.46. Vereinfachte Schaltung zu Bild 2.44.

Die Lösung kann im Kennlinienfeld 2.47 gefunden werden. Man erhält $u_a \simeq 0$.
Der Fall (3) ist völlig analog und ergibt ebenfalls $u_a \simeq 0$.
Im Fall (4) können beide Transistoren einen Strom führen. Man erhält das Gleichungssystem

$$i_1 = f_1(u_0, u_a); \quad i_2 = f_2(u_0, u_a),$$

$$u_0 = u_a + u_L,$$

$$i_L = i_1 + i_2 = f_1(u_0, u_a) + f_2(u_0, u_a),$$

$$u_L = R_L i_L$$

und daraus

$$u_0 = u_a + R_L [f_1(u_0, u_a) + f_2(u_0, u_a)].$$

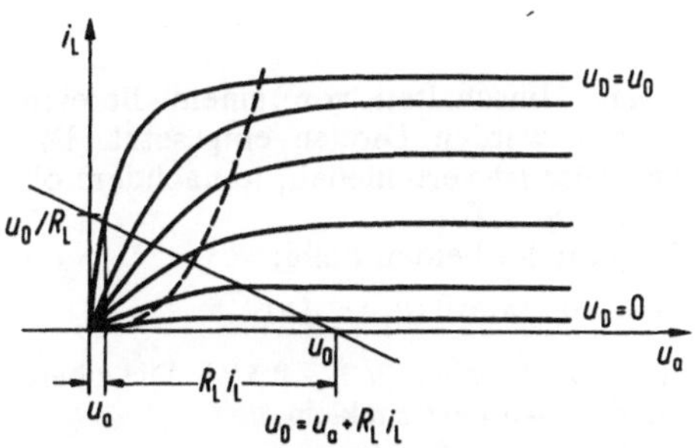

Bild 2.47. Arbeitspunkt im Kennlinienfeld

Die exakte Lösung könnte durch Konstruktion einer neuen Kennlinie

$$f(u_0, u_a) = f_1(u_0, u_a) + f_2(u_0, u_a)$$

gefunden werden. Die vereinfachende Annahme $f_1 = f_2 = f$ führt auf

$$u_0 = u_a + 2 R_L f(u_0, u_a),$$

und daraus folgt wie oben

$$u_a \simeq 0.$$

Die Zusammenstellung ergibt die Funktionstafel

u_1	u_2	u_a
0	0	u_0
0	u_0	0
u_0	0	0
u_0	u_0	0

Solche Tafeln werden in der Behandlung der digitalen Elektronik eine wesentliche Rolle spielen.

2.5 Nichtlineare Schaltungen mit Operationsverstärkern

In diesem Abschnitt soll gezeigt werden, daß mit einfachen elektronischen Schaltungen schon recht anspruchsvolle Aufgaben gelöst werden können. Dies wird anhand der nachfolgenden Aufgaben und Schaltungen erläutert, die dazu benützt werden, um die bei solchen Problemen übliche Entwurfs- und Untersuchungstechnik zu erläutern.

Einige wichtige nichtlineare Schaltungen erhält man durch Ausnützung der Begrenzereigenschaften der Verstärker (Bild 2.7). Dabei gilt dann $u = 0$ nicht mehr.

Offener Verstärker (Bild 2.48)

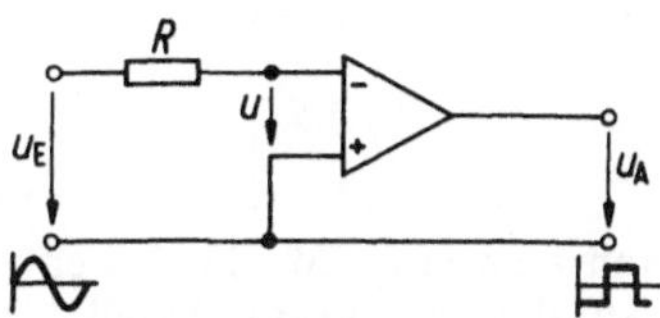

Bild 2.48. Offener Verstärker

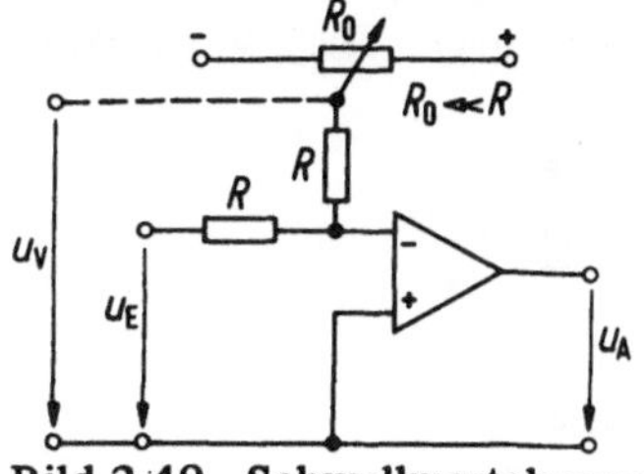

Bild 2.49. Schwellwertelement

Anwendung: Pulsformer, Regeneration von Signalen, Digitalisieren.

Durch einfache Zusatzschaltungen können die beiden Begrenzungen des Ausgangssignals (positiv und negativ) einstellbar erhalten werden.

Schwellwertelemente (Triggerkreise), Bild 2.49.

Falls $u_V + u_E > 0$ resultiert $u_A = - u_S$, sonst $u_A = + u_S$.
Oszillogramm: Bild 2.50.

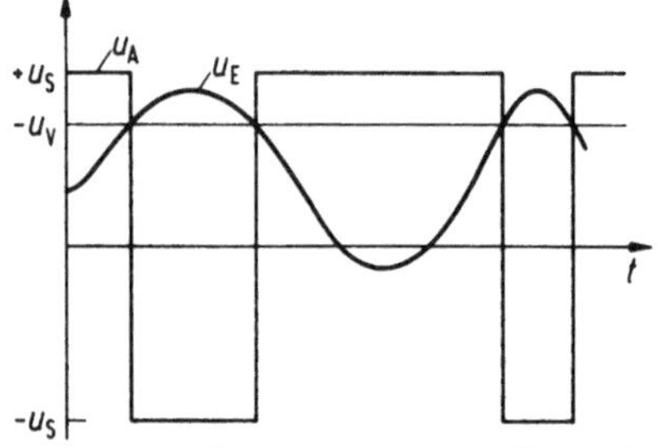

Bild 2.50. Oszillogramm zu Schwellwertelement

Das Ausgangssignal ($\pm$ u_S) einer solchen Schaltung ist ein binäres Signal. Wenn der Verstärker in der angegebenen Weise als „Schalter" benützt wird, zeichnet man das Symbol oft wie in Bild 2.51 dargestellt. Dadurch wird die Lesbarkeit des Schemas erhöht. Das betreffende Schaltelement wird als Komparator bezeichnet.

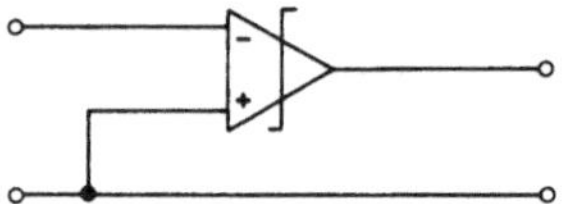

Bild 2.51. Schaltsymbol für offenen Verstärker

Hysterese

Eine Hysterese kann man auf einfache Art erzeugen, wenn man den +-Eingang benützt. Eine Rückführung vom Ausgang auf den +-Eingang ergibt ein instabiles Verhalten (wie in der Regelungstechnik). Der Verstärker wird dauernd in der einen oder anderen Polarität in der Sättigung gehalten.
Schema: Bild 2.52.

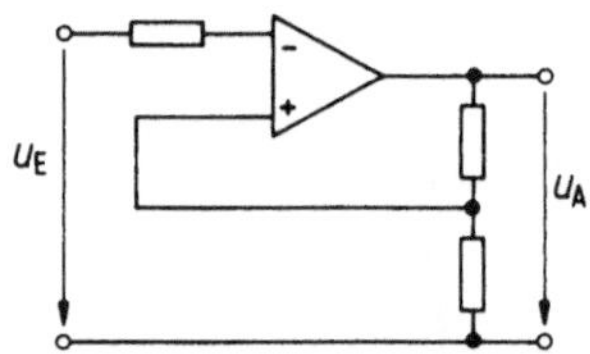

Bild 2.52. Schaltung mit Hysterese

Kennlinie: Bild 2.53.

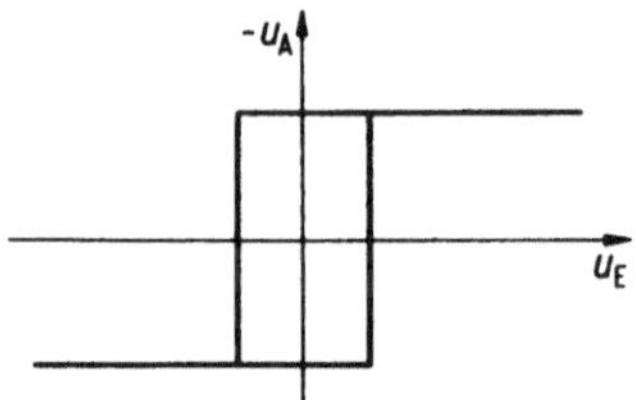

Bild 2.53. Hysterese-Kennlinie

Anwendung: Einführen von Ansprechschwellen bei Schaltern, Erzeugung von Rechtecksignalen.

Einweggleichrichter

Gewünscht wird eine Kennlinie nach Bild 2.54.

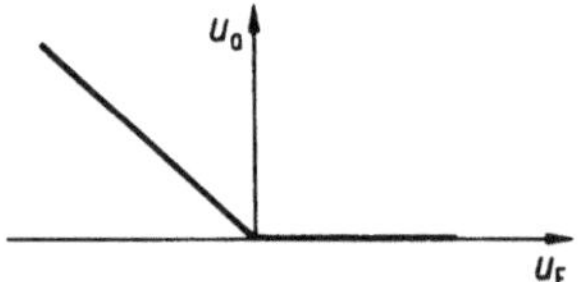

Bild 2.54. Kennlinie des Einweggleichrichters

Schaltung: Bild 2.55.

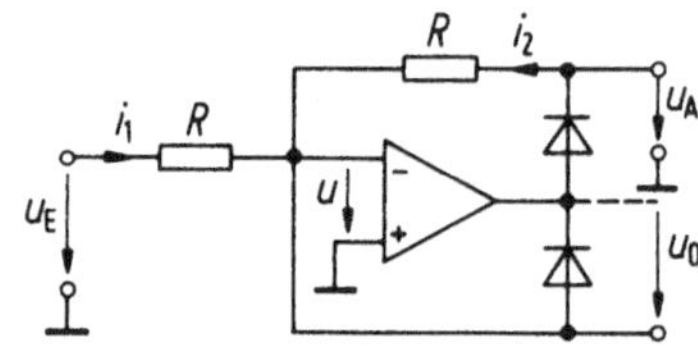

Bild 2.55. Schaltung für den Einweg-Gleichrichter

Für das Umschalten von einem Bereich zum andern werden Dioden eingesetzt. Die Wirkungsweise ist verschieden, je nachdem ob $u_E > 0$ oder $u_E < 0$.

Diskussion der beiden Fälle:

$u_E > 0$: $u > 0$, $u_0 < 0$ $(u_0 = -Au)$

Die untere Diode leitet ($u_0 \simeq -0{,}5$ V). Die obere Diode sperrt. i_2 wird extrem klein.
Daraus resultiert $u_A \simeq 0$.

$u_E < 0$: $u < 0$, $u_0 > 0$

Die untere Diode sperrt. Die obere Diode leitet. i_2 wird gleich $-i_1$. Daraus resultiert $u_A = - u_E$.

Die nichtidealen Eigenschaften der Dioden werden weitgehend auskorrigiert. Man beachte, daß der Schaltungsausgang nicht gleich dem Verstärkerausgang ist.

Zweiweg-Gleichrichter

Die Kennlinie des Zweiweg-Gleichrichters kann durch Überlagerung aus einer reinen Verstärkerkennlinie und einer Einweg-Gleichrichterkennlinie erhalten werden (Bild 2.56).

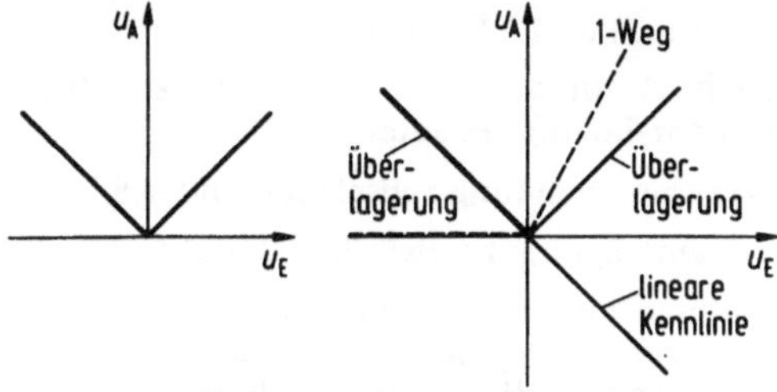

Bild 2.56. Überlagerung von Kennlinien

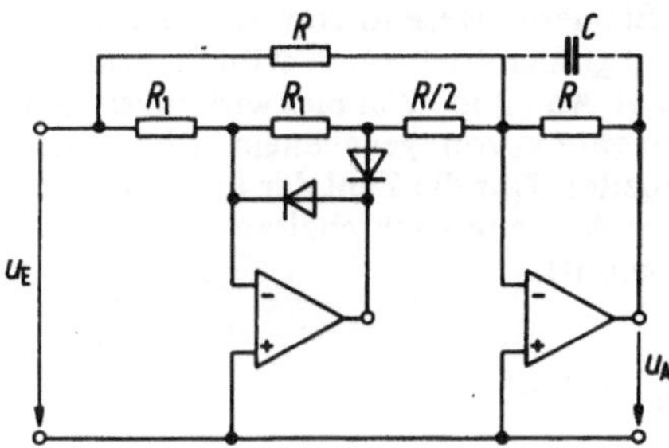

Bild 2.57. Zweiweg-Gleichrichter

Man erhält so das Schema von Bild 2.57. Mit der gestrichelt eingetragenen Kapazität kann eine zusätzliche Filterung erhalten werden, und das ganze Gerät kann als Wechsel-Gleichspannungskonverter für Meßzwecke eingesetzt werden.

Oszillator

Mit dem Netzwerk nach Bild 2.58 kann eine Sinusschwingung erzeugt werden.

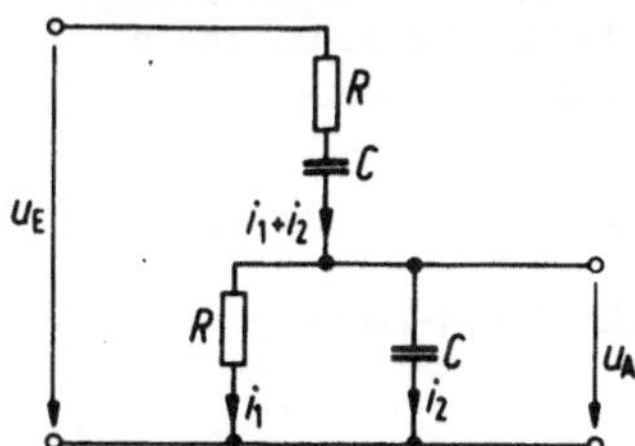

Bild 2.58. Netzwerk zur Erzeugung von Sinusschwingungen

Differentialgleichung:

$$i_1=\frac{u_A}{R};\quad i_2=C\frac{du_A}{dt},$$

$$u_E=u_A+R(i_1+i_2)+\frac{1}{C}\int(i_1+i_2)\,dt$$

$$=u_A+R\left(\frac{u_A}{R}+C\frac{du_A}{dt}\right)+\frac{1}{C}$$

$$\times\int\left(\frac{u_A}{R}+C\frac{du_A}{dt}\right)dt,$$

$$u_E=3u_A+RC\frac{du_A}{dt}+\frac{1}{RC}\int u_A\,dt.$$

Zur Vereinfachung setzt man

$$\int u_A\,dt=x,$$

$$u_A=\frac{dx}{dt}$$

und erhält

$$u_E=3\frac{dx}{dt}+RC\frac{d^2x}{dt^2}+\frac{1}{RC}x.$$

Die Differentialgleichung für eine ungedämpfte Sinusschwingung lautet

$$\frac{d^2x}{dt^2}+\omega^2x=0.$$

Dies erhält man aus der Netzwerkgleichung für

$$u_E=3\frac{dx}{dt}=3u_A.$$

Damit resultiert das Prinzipschema 2.59.

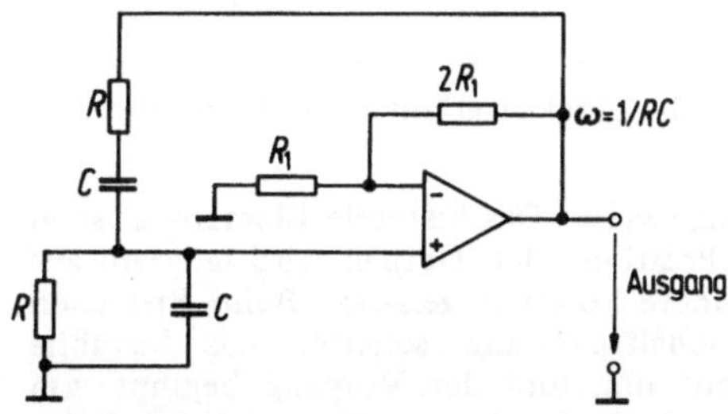

Bild 2.59. Prinzipschema des Oszillators

Ein lineares System wird nie eine stabile Schwingung abgeben (kleine Störungen und Ungenauigkeiten werden ein Abklingen oder Aufschaukeln bewirken). Man benützt deshalb nichtlineare Schaltungen, um die Amplitude zu stabilisieren.

Dies geschieht z.B. dadurch, daß die Verstärkung für kleine Amplituden etwas größer als 3 und für große Amplituden etwas kleiner als 3 gewählt wird. Eine variable Verstärkung kann z.B. mit Zener-Dioden (Abschnitt 2.42)

erzeugt werden. Dadurch resultiert die Schaltung von Bild 2.60.

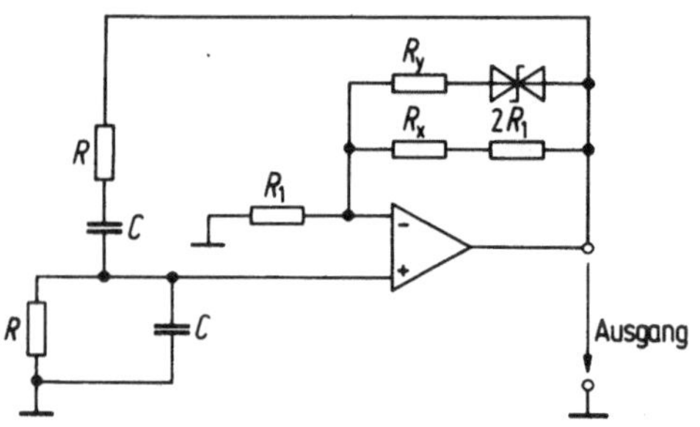

Bild 2.60. Schaltung des Oszillators

Am Ausgang erhält man eine Schwingung mit der Kreisfrequenz $\omega = 1/RC$ und stabiler Amplitude. Mit R_x und R_y läßt sich die Amplitude einstellen. R_x wird relativ klein und R_y relativ groß gewählt. Die entstehende Schwingung hat keine exakte Sinusform mehr.

Astabiler Multivibrator

Nach der Blockdiagrammidee von Bild 2.61 kann ein Rechteckgenerator auf einfache Art realisiert werden.

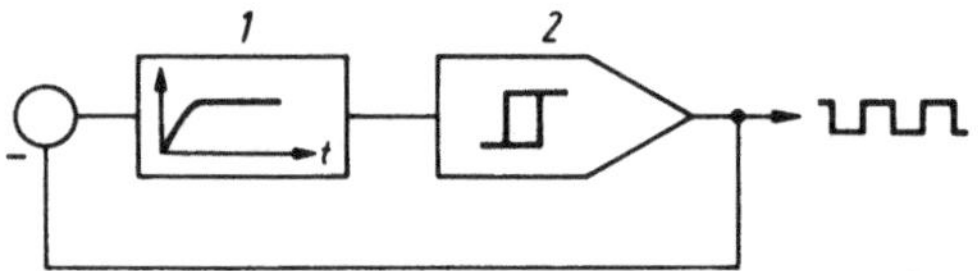

Bild 2.61. Blockdiagramm zum Multivibrator

Wirkungsweise: Das bistabile Element 2 ist in einer Position. Der Tiefpaß wird langsam auf die andere Polarität geladen. Beim Erreichen der Schaltspannung schaltet das bistabile Element um, und der Vorgang beginnt von neuem. Diese Idee kann durch die Schaltung nach Bild 2.62 realisiert werden.

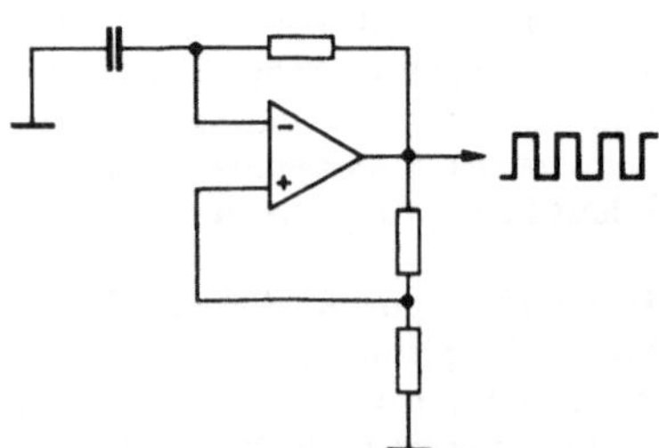

Bild 2.62. Schaltung des Multivibrators

3 Digitale Schaltungstechnik

3.1 Einleitung

In der Digitaltechnik werden nur zweiwertige Signale betrachtet. Einfache Beispiele sind Schalter, die ein- oder ausgeschaltet sein können. Operationsverstärker, die ohne Rückführungen betrieben werden, geben ebenfalls digitale Signale ab ($\pm u_S$).

Die zwei möglichen Werte werden mit

O (null) und L* (eins)

bezeichnet. In der TTL-Technik (Transistor-Transistor-Logik) bedeutet z.B.

O eine Spannung zwischen 0 und 0,8 V,

L eine Spannung zwischen 2 und 5 V.

Da man nur zwei Werte unterscheiden will, müssen sie nicht genau vorgegeben sein. Dadurch können die einzelnen Elemente mit ziemlich großen Fehlern arbeiten, was den Entwurf der Elemente wesentlich vereinfacht.

In der digitalen Elektronik wird ausschließlich mit der Annahme von rückwirkungsfreien Schaltelementen von gegebenem Richtungssinn gearbeitet. Nur die Zahl der Eingänge, die man einem Ausgang nachschalten darf, ist begrenzt (Fanout).

3.2 Tore

Die Tor-Schaltungen sind die einfachsten Bausteine der Digitaltechnik. Sie sollen einfache Verknüpfungen zwischen digitalen Signalen ermöglichen.

Das Nicht-Tor (Not gate)

Definition: Es soll ein beliebiges digitales Signal invertieren, d.h. aus O wird L und aus L wird O.

Das beliebige Signal wird mit x bezeichnet. x ist in jedem Moment entweder L oder O. Bild 3.1 zeigt das Symbol mit den Signalen x und y. Für x = L liefert die Schaltung y = O und für x = O liefert die Schaltung y = L.

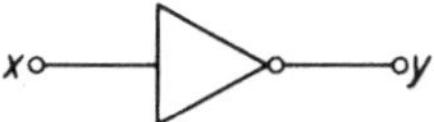

Bild 3.1. Symbol des Nicht-Tores

* Um den Schaltzustand „eins" nicht mit der Ziffer oder dem Zahlenwert „1" zu verwechseln, wird hier und im folgenden der Buchstabe „L" verwendet.

x	y
O	L
L	O

Formal beschreibt man diesen Zusammenhang als $y = \bar{x}$. Die Realisierung mit einem Feldeffekttransistor zeigt Bild 3.2.

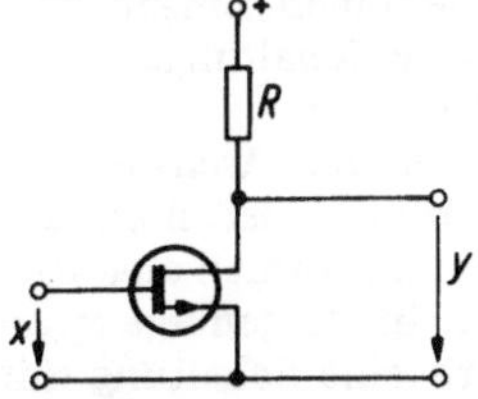

Bild 3.2. Schaltung des Nicht-Tores

Für die Untersuchung siehe Abschnitt 2.4.4.

Das Und- und das Nicht-Und-Tor (And, Nand)

Wenn eine Schaltung zwei oder mehr Eingänge und einen Ausgang hat (Bild 3.3), kann man ihre Wirkungsweise mit einer Tabelle definieren, die sämtliche möglichen Eingangskombinationen enthält:

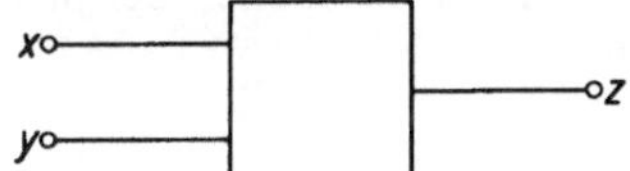

Bild 3.3. Allgemeine Schaltung

x	y	z
O	O	
O	L	
L	O	
L	L	

Definition des And-Tores:

$z = x \cdot y$,

des Nand-Tores:

$w = \bar{z} = \overline{x \cdot y}$.

mit der Tabelle:

x	y	And z	Nand $w = \bar{z}$
O	O	O	L
O	L	O	L
L	O	O	L
L	L	L	O

Die Symbole sind in Bild 3.4 dargestellt.

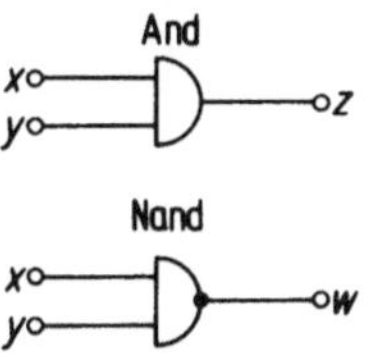

Bild 3.4. Symbole des And- und Nand-Tores

Zwei Realisierungen des Nand-Tores mit selbstsperrenden Feldeffekttransistoren zeigt Bild 3.5.

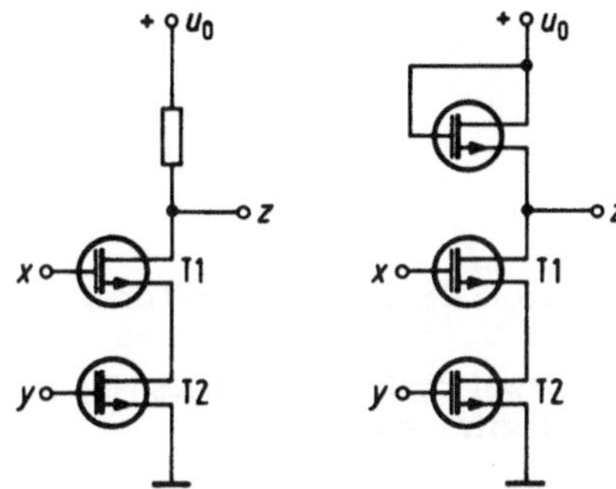

Bild 3.5. Zwei Realisierungen des Nand-Tores

Analog wie bei dem Beispiel in Abschnitt 2.4.4 (Bild 2.44) läßt sich die folgende Tabelle ermitteln:

x	y	T1	T2	z
O	O	sperrt	sperrt	u_0
u_0	O	leitet	sperrt	u_0
O	u_0	sperrt	leitet	u_0
u_0	u_0	leitet	leitet	O

Die Tabelle erhält man einfach daraus, daß z nur auf Null gebracht werden kann, wenn beide Transistoren leiten.

Für u_0 = L, 0 V = O erhält man die Nand-Funktion.

Mit dieser Schaltung können z.B. Bedingungen verknüpft werden. Am Ausgang eines Nand-Tores entsteht ja nur dann O, wenn an beiden Eingängen L anliegt. Am Ausgang eines And-Tores entsteht L, wenn an beiden Eingängen L anliegt.

Das Oder- und das Nicht-Oder-Tor (Or, Nor)

Schreibweise: Or: $z = x+y$, Nor: $w = \overline{x+y}$.

Tabelle:

x	y	Or z	Nor w
O	O	O	L
O	L	L	O
L	O	L	O
L	L	L	O

Symbole: Bild 3.6

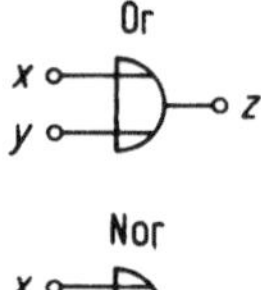

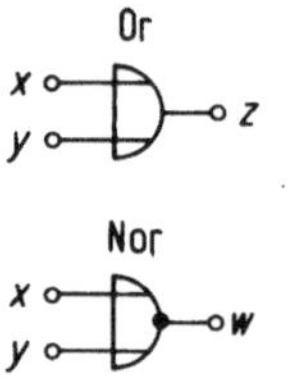

Bild 3.6. Symbole des Or- und Nor-Tores

Bild 3.7 zeigt zwei Realisierungen des Nor-Tores mit Feldeffekttransistoren.

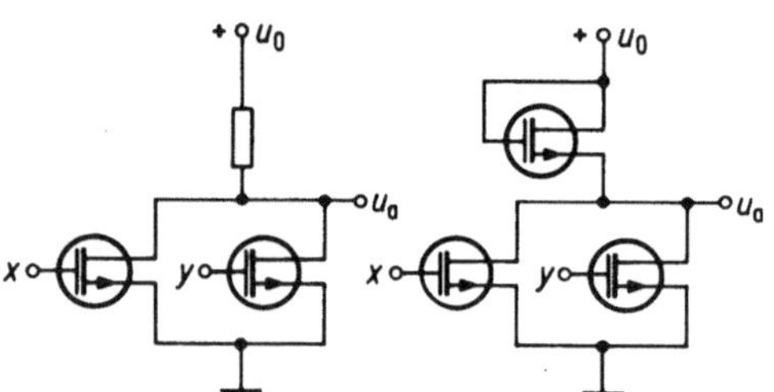

Bild 3.7. Zwei Realisierungen des Nor-Tores

Die Schaltung wurde schon in Abschnitt 2.4.4 untersucht und ergab die Tabelle

x	y	u_a
O	O	u_0
O	u_0	O
u_0	O	O
u_0	u_0	O

Man sieht, daß eine Nor-Funktion mit $u_0 \triangleq$ L, 0V $\triangleq$ O erhalten wird.

Am Ausgang erhält man beim Oder-Tor L, wenn mindestens ein Eingang L enthält.

Die besprochenen Tore können auch mehr als zwei Eingänge enthalten. In diesem Falle gelten die folgenden Definitionen: Am Ausgang eines And-Tores erscheint nur dann L, wenn an sämtlichen Eingängen L anliegt; am Ausgang eines Or-Tores erscheint L, wenn an mindestens einem Eingang L anliegt.

3.3 Kombinatorische Schaltungen

Als kombinatorische Schaltungen bezeichnet man Schaltungen, deren Ausgangssignale nur eine Funktion der momentanen Eingangssignale sind. Kombinatorische Schaltungen können aus Toren aufgebaut werden.

Beim Entwurf und bei der Analyse von kombinatorischen Schaltungen ist man auf mathematische Beschreibungsformen angewiesen. Einige davon sollen im folgenden angeführt werden. Dabei wird eine Schaltung mit mehreren Eingängen und einem Ausgang betrachtet (Bild 3.8).

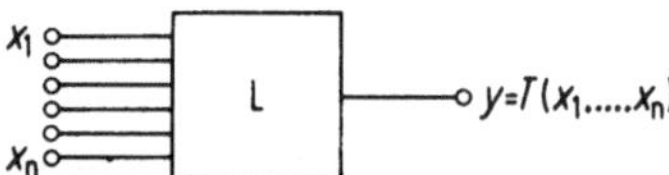

Bild 3.8. Allgemeine kombinatorische Schaltung

Die einfachste Beschreibung besteht in der bereits bekannten Funktionstabelle. Beispiel mit drei Eingängen:

x_1	x_2	x_3	T
O	O	O	O
O	O	L	O
O	L	O	O
O	L	L	L
L	O	O	L
L	O	L	O
L	L	O	O
L	L	L	O

Auch algebraisch läßt sich eine solche Funktion darstellen:

$$T=\overline{x_1 \cdot x_2}+(x_3+x_4)\cdot x_5 .$$

Die Prioritäten sind dabei wie folgt festgelegt:

- Ausdrücke in Klammern,
- Negation,
- und-Verknüpfung (·),
- oder-Verknüpfung (+) .

Die entsprechende Beschreibung zu der oben angegebenen Funktionstabelle lautet

$$T=\bar{x}_1 \cdot x_2 \cdot x_3+x_1 \cdot \bar{x}_2 \cdot \bar{x}_3 .$$

Eine weitere Möglichkeit besteht in der Darstellung in Diagrammform, z.B. nach Karnaugh. Dieses Diagramm ist so angeordnet, daß zwischen benachbarten Feldern nur eine der Variablen x_i ändert. Es wird zur Minimalisierung von Schaltungen benützt. Beispiel mit drei Variablen:

		x_2 x_3			
		OO	OL	LL	LO
x_1	O	O	O	L	O
	L	L	O	O	O

Für die Vereinfachung oder Umwandlung von Schaltungen existieren Sätze wie z.B. die zwei Theoreme von de Morgan:

$$\bar{x}_1 \cdot \bar{x}_2 = \overline{x_1 + x_2} \quad (1)$$

Beweis:

x_1	x_2	$\bar{x}_1$	$\bar{x}_2$	$\bar{x}_1 \cdot \bar{x}_2$	x_1+x_2	$\overline{x_1+x_2}$
O	O	L	L	L	O	L
O	L	L	O	O	L	O
L	O	O	L	O	L	O
L	L	O	O	O	L	O

$$\bar{x}_1 + \bar{x}_2 = \overline{x_1 \cdot x_2}. \quad (2)$$

Beweis:

x_1	x_2	$\bar{x}_1$	$\bar{x}_2$	$\bar{x}_1+\bar{x}_2$	$x_1 \cdot x_2$	$\overline{x_1 \cdot x_2}$
O	O	L	L	L	O	L
O	L	L	O	L	O	L
L	O	O	L	L	O	L
L	L	O	O	O	L	O

Entsprechende Sätze gelten auch für mehr als zwei Variablen.

Zwei Beispiele sollen die Anwendung von Torschaltungen zeigen:

Ampeln an einer Straßenkreuzung

Im Normalbetrieb sorgt eine Schaltung dafür, daß eine Ampel nach der andern auf grün geschaltet wird. Eine Straßenbahn hat Priorität vor den andern Verkehrsteilnehmern. Zusätzlich ist eine Zählschwelle vorgesehen, die, nachdem einige Automobile warten, ebenfalls Priorität erhält, sowie ein Fußgängerübergang.

Formal:

x_1 = L: Straßenbahn wartet;
x_1 = O: keine Straßenbahn;
x_2 = L: Autos warten;
x_2 = O: keine Autos,
x_3 = L: Fußgänger warten;
x_3 = O: keine Fußgänger,
Priorität: Straßenbahn > Auto > Fußgänger.
Als Ausgangssignale muß die Schaltung liefern
y_1: Straßenbahn erhält Vorfahrt,
y_2: Autos erhalten Vorfahrt,
y_3: Fußgänger erhalten Vortritt,
y_4: Normalbetrieb.

x_1	x_2	x_3	y_1	y_2	y_3	y_4
O	O	O	O	O	O	L
O	O	L	O	O	L	O
O	L	O	O	L	O	O
O	L	L	O	L	O	O
L	O	O	L	O	O	O
L	O	L	L	O	O	O
L	L	O	L	O	O	O
L	L	L	L	O	O	O

Beschreibung z.B.:

$y_1 = x_1$; $y_2 = x_2 \cdot \bar{x}_1$; $y_3 = x_3 \cdot \bar{x}_1 \cdot \bar{x}_2$;
$y_4 = \bar{x}_1 \cdot \bar{x}_2 \cdot \bar{x}_3$.

Damit ergibt sich die in Bild 3.9 dargestellte Schaltung.

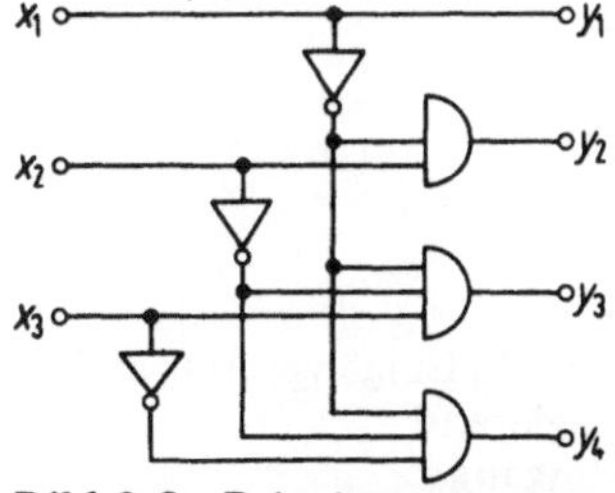

Bild 3.9. Prioritätssteuerung

Additionsstufe

Als weiteres Beispiel kann eine binäre Additionsstufe betrachtet werden. Man definiert dabei die Summe von zwei binären Zahlen wie beim Rechnen im Zweier-System.

Summe:

x_1	x_2	y_1	y_2
O	O	O	O
O	L	O	L
L	O	O	L
L	L	L	O

Formal:

$$y_1 = x_1 \cdot x_2; \quad y_2 = \bar{x}_1 \cdot x_2 + x_1 \cdot \bar{x}_2.$$

Schaltung: Bild 3.10.

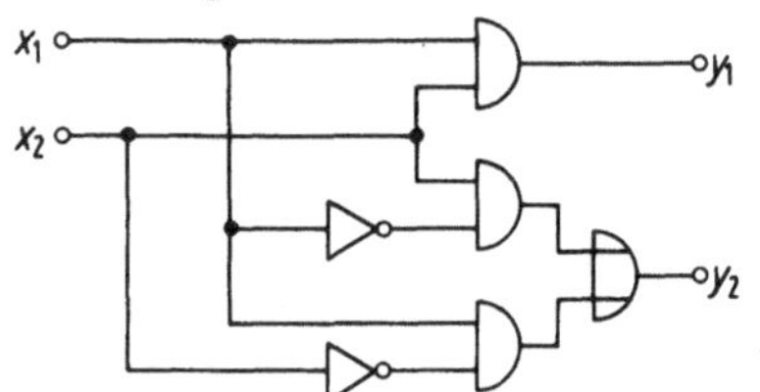

Bild 3.10. Additionsstufe

3.4 Flip-Flop-Schaltungen

Oftmals besteht die Notwendigkeit, binäre Signale, wie sie in kombinatorischen Schaltungen berechnet werden, zu speichern. Elemente, die ein binäres Signal (O oder L) speichern können, bezeichnet man als Flip-Flops. Die im folgenden beschriebenen Schaltungen sind, wie auch alle im letzten Abschnitt benutzten Tore, im Handel als Bausteine erhältlich.

3.4.1 Allgemeines Flip-Flop

Die allgemeine Schaltung zeigt Bild 3.11.

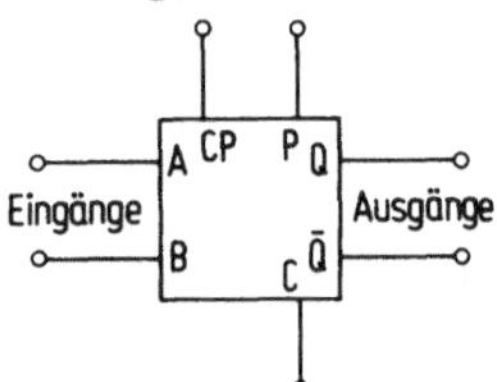

Bild 3.11. Flip-Flop

A: Set } vorbereitende Eingänge, nur auf
B: Reset } Clock reagierend
CP: Clock pulse ⎍ Eingang
P: Preset } Vorwahleingänge, direkt
C: Clear } einwirkend
Q, Q̄: Ausgänge
Q^n: Zustand vor dem Auftreten des CP
Q^{n+1}: Zustand nach dem Auftreten des CP

Das Flip-Flop ändert seinen Zustand nur nach dem Auftreten eines CP.

3.4.2 Arten von Flip-Flops

D-Flip-Flop („Latch"), Bild 3.12.

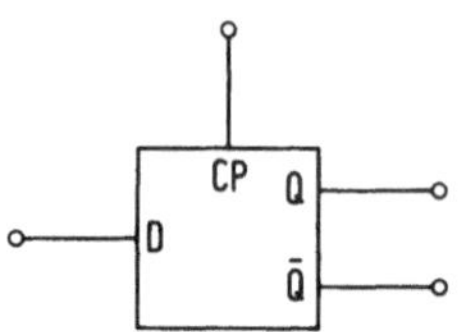

Bild 3.12. D-Flip-Flop

Charakteristische Tabelle:

D	Q^{n+1}
O	O
L	L

Ansteuerungstabelle:

Q^n	→	Q^{n+1}	D
O		O	O
O		L	L
L		O	O
L		L	L

Die charakteristische Tabelle dient zur Berechnung der Ausgänge in Funktion der Eingänge. Sie wird bei der Analyse von Schaltungen verwendet.

Die Ansteuerungstabelle dient zur Bestimmung der Eingänge bei gewünschtem Verhalten der Ausgänge. Sie wird bei der Synthese verwendet. Beide Tabellen enthalten dieselbe Information.

T-Flip-Flop, Bild 3.13.

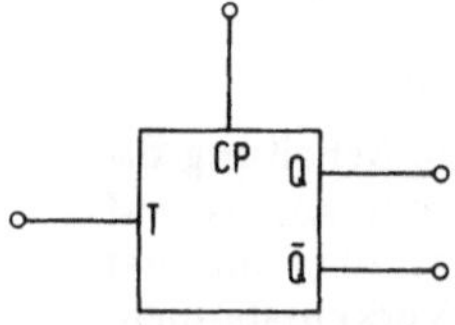

Bild 3.13. T-Flip-Flop

Charakteristische Tabelle

T	Q^{n+1}
O	Q^n
L	$\bar{Q}^n$

Ansteuerungstabelle

Q^n →	Q^{n+1}	T
O	O	O
O	L	L
L	O	L
L	L	O

SR-Flip-Flop, Bild 3.14.

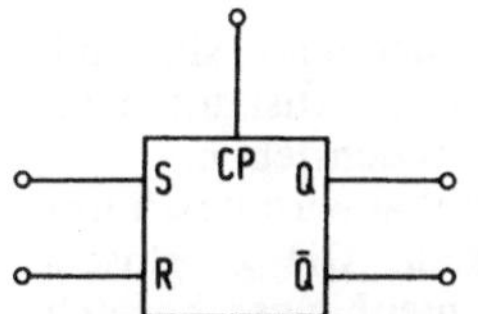

Bild 3.14. SR-Flip-Flop

Charakteristische Tabelle

S	R	Q^{n+1}
O	O	Q^n
O	L	O
L	O	L
L	L	?

Ansteuerungstabelle

Q^n →	Q^{n+1}	S	R
O	O	O	ϕ
O	L	L	O
L	O	O	L
L	L	ϕ	O

ϕ: Es spielt keine Rolle, ob O oder L eingegeben wird.
?: Dieser Ausgang ist nicht definiert. Die Eingangskombination (L, L) muß vermieden werden.

JK-Flip-Flop, Bild 3.15.

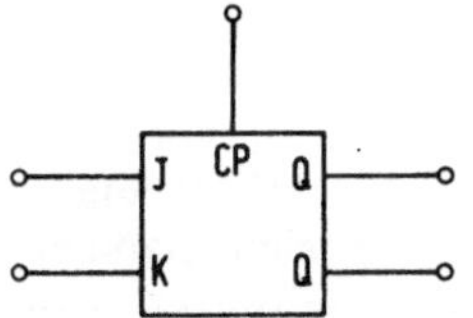

Bild 3.15. JK-Flip-Flop

Charakteristische Tabelle

J	K	Q^{n+1}
O	O	Q^n
O	L	O
L	O	L
L	L	$\bar{Q}^n$

Ansteuerungstabelle

Q^n →	Q^{n+1}	J	K
O	O	O	ϕ
O	L	L	ϕ
L	O	ϕ	L
L	L	ϕ	O

Monostabiles Flip-Flop, Bild 3.16.

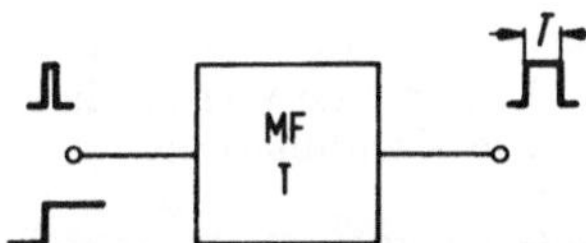

Bild 3.16. Monostabiles Flip-Flop

Wenn am Eingang ein Impuls oder Schritt angelegt wird, erscheint am Ausgang ein Impuls der festen Länge *T*, d.h. der Impuls wird durch die steigende Flanke ausgelöst. Diese Schaltung kann zum Bau von Taktgebern verwendet werden (Bild 3.17).

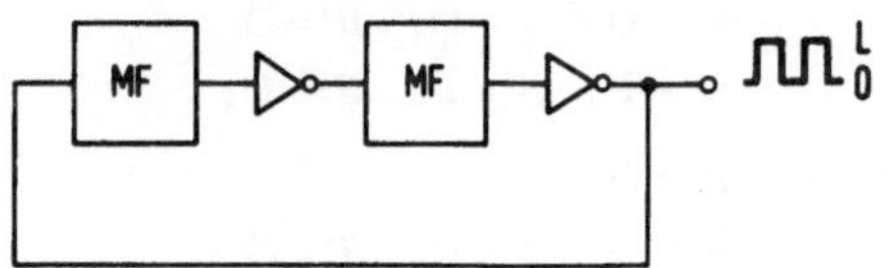

Bild 3.17. Taktgeber

3.5 Sequentielle Schaltungen

3.5.1 Allgemeine Schaltungen

Sequentielle Schaltungen enthalten Tore und Flip-Flop-Schaltungen. Damit ist die Möglichkeit zur Speicherung von digitalen Signalen gegeben. Das Verhalten der Schaltungen wird im allgemeinen zeitabhängig. Wenn alle Clock-Pulse auf allen Flip-Flops gleichzeitig erscheinen, spricht man von einer synchronen Schaltung, im anderen Falle von einer asynchronen Schaltung.

Beispiel: Analyse einer synchronen Schaltung mit SR-Flip-Flops nach Bild 3.18.

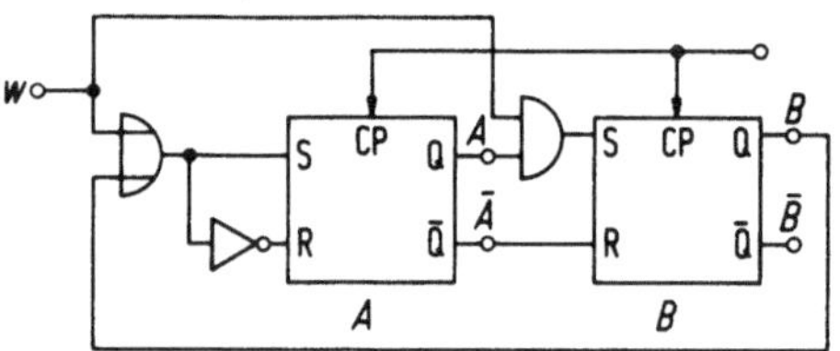

Bild 3.18. Sequentielle Schaltung

Es existieren vier mögliche Anfangszustände:

Zustand	A B
1	O O
2	O L
3	L O
4	L L

sowie zwei Möglichkeiten für das Eingangssignal w = O oder w = L. Für eine vollständige Analyse müssen sämtliche Kombinationen untersucht werden.

Algebraisch formuliert lauten die Eingänge zu den Flip-Flops A und B

$$S_A = w + B;\quad R_A = \overline{w + B},$$

$$S_B = A \cdot w;\quad R_B = \bar{A}.$$

Mit der charakteristischen Tabelle kann nun in jedem Fall bestimmt werden, was geschieht.

Start: $A^0 = \mathrm{O}$, $B^0 = \mathrm{O}$,
$w = \mathrm{O} \rightarrow A^1 = \mathrm{O}$, $B^1 = \mathrm{O}$,
$w = \mathrm{L} \rightarrow A^1 = \mathrm{L}$, $B^1 = \mathrm{O}$;

Start: $A^0 = \mathrm{L}$, $B^0 = \mathrm{O}$,
$w = \mathrm{O} \rightarrow A^1 = \mathrm{O}$, $B^1 = \mathrm{O}$,
$w = \mathrm{L} \rightarrow A^1 = \mathrm{L}$, $B^1 = \mathrm{L}$;

Start: $A^0 = \mathrm{L}$, $B^0 = \mathrm{L}$,
$w = \mathrm{O} \rightarrow A^1 = \mathrm{L}$, $B^1 = \mathrm{L}$,
$w = \mathrm{L} \rightarrow A^1 = \mathrm{L}$, $B^1 = \mathrm{L}$;

Start: $A^0 = \mathrm{O}$, $B^0 = \mathrm{L}$,
$w = \mathrm{O} \rightarrow A^1 = \mathrm{L}$, $B^1 = \mathrm{O}$,
$w = \mathrm{L} \rightarrow A^1 = \mathrm{L}$, $B^1 = \mathrm{O}$.

Der Zustand der Schaltung wird durch jede mögliche Lage der beiden Flip-Flops beschrieben, z.B. nach

Zustand	A B
1	O O
2	O L
3	L O
4	L L

Durch die Angabe des Zustandes sind alle Signale in der Schaltung (mit Ausnahme des direkten Einflusses von w) beschrieben.

Durch das Eingangssignal w wird bestimmt, wie die Zustände wechseln. Die graphische Darstellung dieses Zusammenhanges bezeichnet man als Zustandsdiagramm (Bild 3.19). Man sieht also, daß man den Zustand 2 sofort verlassen wird und aus dem Zustand 4 in keinen anderen mehr übergehen kann.

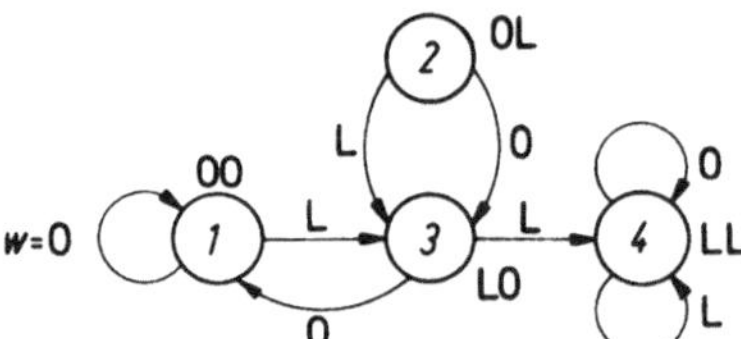

Bild 3.19. Zustandsdiagramm

Bei der Synthese von Schaltungen geht man in entgegengesetzter Richtung vor. Aus dem gewünschten Zustandsdiagramm stellt man die Gleichungen für die Eingänge auf. Dieses Verfahren ist aber nicht eindeutig und deshalb von der Geschicklichkeit abhängig. Einfache Beispiele werden im Abschn. 3.5.2 diskutiert.

3.5.2 Zähler

Zähler nehmen in der Digitaltechnik eine besonders wichtige Stellung ein. Viele Aufgaben, insbesondere meßtechnische Aufgaben, lassen sich auf Zählvorgänge zurückführen.

Wenn man einen Zähler entwerfen will, muß man sich zuerst darüber klar werden, wie man die natürlichen Zahlen mit binären Zeichen darstellen will. Diese Darstellungen werden als Codes bezeichnet. Die einfachste dieser Darstellungen ist der natürliche Binärcode. Dabei werden die Regeln für das Zählen direkt vom Dezimalsystem übernommen, d.h. man zählt mit jeder Stelle, bis ein Überlauf eintritt und wechselt dann auf die nächsthöhere Stelle.

Bei Verwendung von vier binären Signalen erhält man z.B.

Zahl	A	B	C	D
0	O	O	O	O
1	O	O	O	L
2	O	O	L	O
3	O	O	L	L
4	O	L	O	O
5	O	L	O	L
6	O	L	L	O
7	O	L	L	L
8	L	O	O	O
9	L	O	O	L
10	L	O	L	O
11	L	O	L	L
12	L	L	O	O
13	L	L	O	L
14	L	L	L	O
15	L	L	L	L

Man kann also bis $2^4 - 1 = 15$ zählen.

Es soll nun ein synchroner Zähler für die Zahlen 0 bis 15 mit JK-Flip-Flop entworfen werden. Der Entwurf wird besonders einfach,

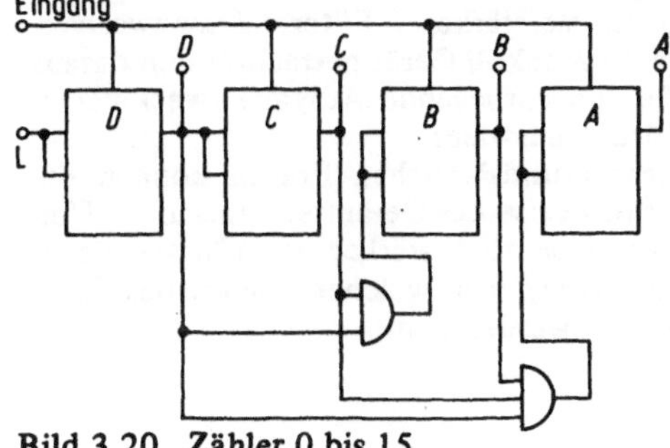

Bild 3.20. Zähler 0 bis 15

wenn man die beiden folgenden Tatsachen beachtet:

- Die letzte Stelle (D) wechselt jedesmal.
- Alle übrigen Stellen wechseln nur dann, wenn alle Stellen rechts von ihnen L haben.

Die Schaltung ist in Bild 3.20 dargestellt.

Eine wichtige Rolle in der Meßtechnik spielen die binärcodierten Dezimalzahlen (BCD-Code). Dabei wird jede Stelle einer Dezimalzahl binär verschlüsselt.

Beispiel: 328 ,

$3 \triangleq$ O O L L ;

$2 \triangleq$ O O L O ; $8 \triangleq$ L O O O ,

$328 \triangleq$ O O L L O O L O L O O O

Viele Meßinstrumente mit digitalem Ausgang liefern die Meßresultate in dieser Form.

Eine einzelne Stufe eines solchen Zählers muß demnach nur bis 9 zählen und dann auf 0 zurückgestellt werden. Die Schaltung nach Bild 3.21 erfüllt diese Bedingung. Durch eine Analyse kann bestätigt werden, daß sie richtig funktioniert.

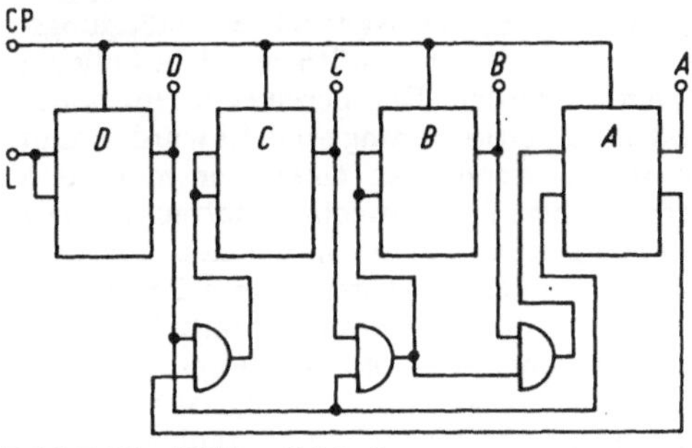

Bild 3.21. Zähler 0 bis 9

4 Hinweise für praktisches Arbeiten in der Elektronik

Die in diesem Kapitel besprochenen Bauelemente wie Operationsverstärker, Transistoren, Tore oder Flip-Flops sind alle im Handel preisgünstig erhältlich. Man beachte, daß man zu jedem Element im allgemeinen ein Datenblatt braucht. Auf dem Datenblatt sind neben den elektrischen Daten und Kennlinien auch Anschlüsse sowie Gehäuseformen und -größen angegeben. Ohne diese Zusatzinformationen ist ein Bauelement oft wertlos.

Auch Anfänger können beim heutigen Stand der Elektronik recht komplizierte Aufgaben lösen. Wenn man die Schaltungen nicht selbst entwerfen will, steht eine umfangreiche Literatur mit Schaltungsvorschlägen zur Verfügung. Für den Nachbau solcher Schaltungen reichen die Kenntnisse erfahrungsgemäß bald aus.

Es soll aber auch nicht verschwiegen werden, daß Probleme an unerwarteten Stellen auftreten können (Erdung, Abschirmungen). In solchen Fällen wende man sich an den Fachmann. Die Elektronik, wie sie hier zusammengestellt ist, sollte ein sinnvolles Gespräch mit dem Fachmann ermöglichen.

5 Entwicklungstendenzen in der Elektronik

In den letzten Jahren konnte eindeutig festgestellt werden, daß die Entwicklung in Richtung von immer kleineren, kompakteren und komplexeren Bauteilen und Bauteilgruppen verlief. Dieser Zug zur Miniaturisierung dürfte weiter anhalten, wenn auch in etwas abgeschwächtem Maße. Die Schaltungen können zwar sehr klein gemacht werden; hingegen kann der Raum, den Anschlüsse, Betätigungstasten und Anzeigen benötigen, nicht beliebig verkleinert werden. Daß bereits ein sehr hoher Stand an Miniaturisierung erreicht wurde, kann man sehen, wenn man einen der modernen elektronischen Taschenrechner betrachtet. Die Bauteileinheiten, wie sie in solchen Taschenrechnern verwendet werden, sind im Handel unter dem Namen „Microcomputer" erhältlich. Man kann heute einen Computer in der Größe einer Zigarettenpackung aus einigen wenigen Teilschaltungen zusammenbauen.

Wenn man die Arbeitsgebiete des Elektronik-Ingenieurs betrachtet, kann man feststellen, daß für die Entwicklung von komplexen Schaltungen umfangreiche Kenntnisse erforderlich sind. Sehr viele solcher Schaltungen sind aber im Handel erhältlich. Wer elektronische Schaltungen nur gelegentlich anwendet, findet dort ein reiches Angebot von Bauteilen und Bauteilgruppen. Der Entwurf eines Systems besteht für ihn sehr oft darin, aus Datenblättern und Katalogen die geeignetsten Schaltungen zusammenzusuchen und diese nachher nach fest vorgegebenen Richtlinien miteinander zu verbinden.

Das Schwergewicht der Entwicklungsarbeit verlagert sich dabei von der klassischen Schaltungstechnik weg zu den mehr grundsätzlichen Systemfragen.

Als Beispiel soll eine einfache Temperaturüberwachungs- und Protokollieranlage betrachtet werden. Die Anlage soll nach dem Blockdiagramm von Bild 5.1 arbeiten. Der Verstärker soll die vom Temperaturfühler gelieferte Spannung verstärken, das Filter soll eventuelle Rauschkomponenten unterdrücken. Der „morphologische Kasten" für diese Aufgabe kann etwa durch Tabelle 5.1 dargestellt werden.

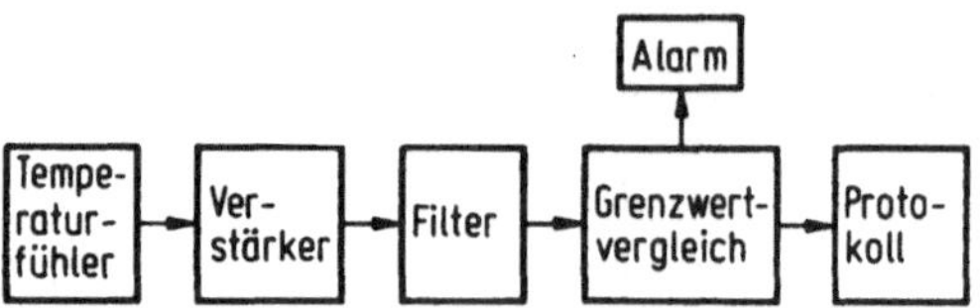

Bild 5.1. Blockdiagramm einer Protokollieranlage

Tabelle 5.1.
„Morphologischer Kasten" zu Bild 5.1.

	analoge Elektronik	digitale Elektronik	Digitalrechner
Verstärker	+	–	–
Filter	+	+	+
Grenzwertvergleich	+	+	+
Protokoll (elektr. Schreibma.)	–	+	+
Protokoll (Zeitschreib.)	+	+	+

+ möglich, – ungünstig (unmöglich)

Für die Übergänge analog-digital und digital-analog müssen natürlich die entsprechenden Wandler vorgesehen werden. Die möglichen Lösungen erhält man, indem man alle Kombinationen Verstärker / Filter / Grenzwertvergleich / Protokoll-Gerät betrachtet und daraus die für die vorliegende Aufgabe zweckmäßigste Lösung auswählt.

Diese grundsätzlichen Fragen können die Funktionsweise des Gesamtsystems unter Umständen wesentlich stärker beeinflussen als etwa die Frage, nach welcher Theorie das Filter entworfen werden kann.

D Meßtechnik

1 Grundlegende Definitionen

Die elektrische Meßtechnik verfolgt zwei Ziele:

- Sichtbarmachung elektrischer Größen (Zeigerausschlag, Ablenkung eines Punktes), so daß sie vom Menschen erfaßt werden können;
- Umwandlung elektrischer und nichtelektrischer Größen in (andere) elektrische Größen (Spannung, Strom, digitale Information), so daß sie von Maschinen verarbeitet werden können.

Zur Angabe gelangen dabei je nach Verwendungszweck Momentanwerte oder Mittelwerte.

1.1 Momentan- und Mittelwerte

Der Momentanwert $f(t)$ gibt den vollständigen zeitlichen Verlauf der zu messenden Größe wieder. Eine der bekanntesten elektrischen Zeitfunktionen ist der sinusförmige Verlauf, z.B. die Spannung

$$u(t) = \hat{U} \sin \omega t$$

mit

$$\omega = 2\pi f = \frac{2\pi}{T}.$$

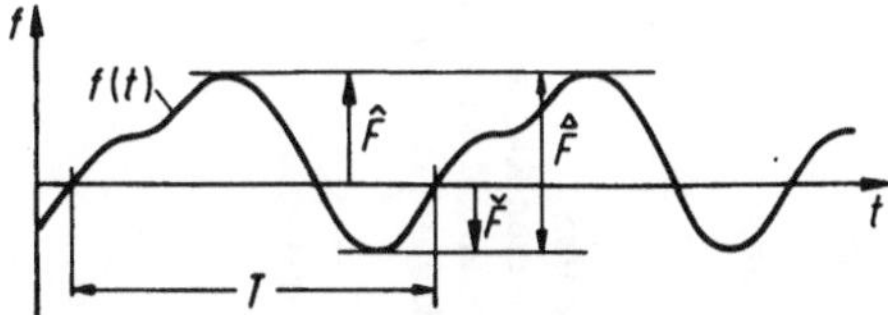

Bild 1.1. Momentanwert und wichtige charakteristische Werte am Beispiel eines periodischen Signals.
$\hat{F}$: Spitzenwert (positiver Spitzenwert), $\check{F}$: Talwert (negativer Spitzenwert), $\hat{\hat{F}}$: Spitze-Spitze-Wert, T: Periode (Frequenz $f = 1/T$)

In sehr vielen Fällen ist man nicht am momentanen Verlauf einer Meßgröße interessiert, sondern an ihrer mittleren Wirkung, so z.B. bei der Elektrolyse (mittlere Abscheidung = gesamte Abscheidung / Meßzeit), bei der Erwärmung, bei der Leistungs- und Energiemessung. Daraus ergeben sich folgende Festlegungen:

- *linearer Mittelwert* (elektrolytischer Mittelwert)

$$F_{\text{mitt}} = \frac{1}{T} \int_0^T f(t)\, dt,$$

- *quadratischer Mittelwert* (Wärmemittelwert)

$$F_{\text{eff}}^2 = \frac{1}{T} \int_0^T f^2(t)\, dt.$$

Der Effektivwert ist die positive Quadratwurzel aus dem quadratischen Mittelwert.

Analog wird aus dem Momentanwert der Leistung $P(t) = u(t)\, i(t)$ die mittlere Wirkleistung P definiert:

$$P = \frac{1}{T} \int_0^T u(t)\, i(t)\, dt.$$

1.2 Maßeinheiten

Die Festlegung von Maßeinheiten ist Grundlage aller Meßvorgänge, da das Messen die Angabe liefert, wievielmal eine bekannte Größe (Maßeinheit) in einer unbekannten Größe (zu messende Größe) enthalten ist.

Für das gesamte Gebiet der Elektrotechnik sind vier Einheiten festgelegt, von denen drei aus der Mechanik stammen: Meter m, Kilogramm kg, Sekunde s, Ampere A. Aus diesen vier Grundeinheiten sind sämtliche andern Einheiten abgeleitet. Für die thermischen Einheiten ist zusätzlich als weitere Grundeinheit die Einheit des Temperaturintervalls festgelegt (Tab. 1.1).

Tabelle 1.1 Größen, Einheiten und wichtige Konstanten der Elektrotechnik

Größe	Formelzeichen	Name und Symbol der Einheit		Umrechnungen	Andere Einheiten	
Grundgrößen						
Länge	l	Meter	m			
Maße	m	Kilogramm	kg			
Zeit	t	Sekunde	s			
Stromstärke	I, i	Ampere	A			
Abgeleitete Größen						
Kraft	F	Newton	N	1 N = 1 mkg/s^2	1 kp (Kilopond)	≈ 9,81 N
Leistung	P	Watt	W	1 W = 1 VA = 1 Nm/s	1 PS (Pferdestärke)	≈ 736 W
Arbeit, Energie	W	Joule	J	1 J = 1 Ws = 1 Nm	1 cal (Kalorie)	= 4,1868 J [a])
					1 kWh	≈ 860 kcal
Spannung	U, u	Volt	V	–		
Widerstand	R	Ohm	Ω	1 Ω = 1 V/A		
Spezifischer Widerstand		–	Ω m	1 Ω m = 1 Vm/A		
Leitwert	G	Siemens	S	1 S = 1/Ω = 1 A/V		
Leitfähigkeit	σ	–	S/m	1 S/m = 1 A/Vm		
Ladung	Q	Coulomb	C	1 C = 1 As		
Elektrische Verschiebung	D	–	C/m^2	1 C/m^2 = 1 As/m^2		
Elektrische Feldstärke	E	–	V/m	–		
Kapazität	C	Farad	F	1 F = 1 C/V = 1 As/V		
Induktionsfluß	Φ	Weber	Wb	1 Wb = 1 Vs	1 Mx (Maxwell)	= 10^{-8} Vs
Magnetische Induktion	B	Tesla	T	1 T = 1 Wb/m^2 = 1 Vs/m^2	1 G (Gauss)	= 1 Mx/cm^2
						= 10^{-4} Vs/m^2
Magnetische Feldstärke	H	–	A/m	–	1 Oe (Oersted)	= $(10/4\pi)$ A/cm
						≈ 79,6 A/m
Induktivität	L	Henry	H	1 H = 1 Wb/A = 1 Vs/A		
Universelle Konstanten						
Permeabilität des leeren Raumes			μ_0	$= 4\pi \cdot 10^{-7}$ H/m ≈ 1,257 μH/m		
Dielektrizitätskonstante des leeren Raumes			ϵ_0	$= 1/\mu_0 c_0^2 \approx 8{,}854 \cdot 10^{-12}$ F/m = 8,854 pF/m		
Lichtgeschwindigkeit im leeren Raum			c_0	$\approx 2{,}998 \cdot 10^{8}$ m/s		
Elementarladung			e_0	$\approx 1{,}602 \cdot 10^{-19}$ C		

[a]) Internationale Festlegung

Elektrische Grundeinheit ist die Stromstärke I. Sie ist seit 1946 wie folgt definiert: Ein und derselbe Strom durchfließt zwei parallele dünne Drähte, die sich mit 1 m Achsenabstand im Vakuum befinden. Die Stromstärke beträgt dann 1 A, wenn die zwischen den beiden Drähten auftretende Kraft $2 \cdot 10^{-7}$ N pro m Länge beträgt.

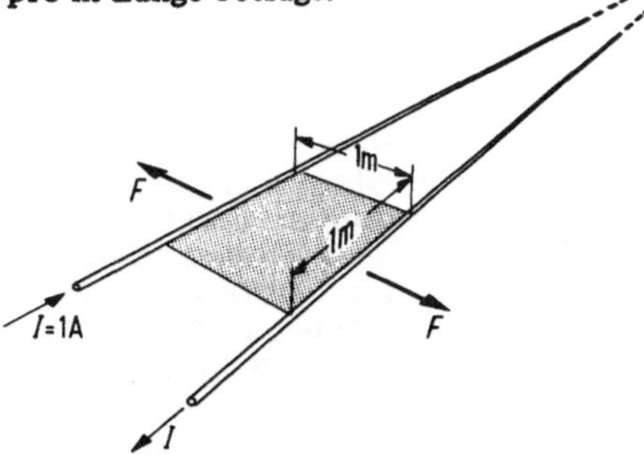

Bild 1.2. Zur Definition der Einheit der Stromstärke

Verknüpfungseinheit ist die Leistung P. Die Äquivalenz von elektrischer und mechanischer Leistung wird ausgedrückt durch

$$1\,W = 1\,\text{Nm/s}\ (=0{,}102\,\text{kpm/s}).$$

Abgeleitete Einheiten sind die elektrische Spannung U und der elektrische Widerstand. Die Einheit der Spannung folgt aus dem Gesetz

$$P = UI$$

$$1\,\text{W} = 1\,\text{V} \cdot 1\,\text{A},$$

$$1\,\text{V} = \frac{1\,\text{W}}{1\,\text{A}}.$$

Mit dem Zusammenhang zwischen mechanischer und thermischer Leistung ist also die Einheit Volt durch kalorimetrische Methoden bestimmbar.

Einfacher zu handhaben sind Spannungsquellen, welche unter bestimmten Versuchsbedingungen immer die gleiche Spannung aufweisen, z.B. das Weston-Normalelemente, welches bei 20°C eine Leerlaufspannung von 1,01865 V aufweist. Neben dem Weston-Element werden zur Zeit vermehrt elektronisch stabilisierte Referenzquellen (Genauigkeit 10^{-3} bis 10^{-5}) verwendet.

Der elektrische Widerstand R folgt aus der Kombination des Ohmschen Gesetzes mit der elektrischen Leistung:

$$P = UI = RI \cdot I = RI^2,$$

$$R = \frac{P}{I^2},$$

$$1\,\Omega = \frac{1\,\text{W}}{1\,\text{A}^2} = \frac{1\,\text{V} \cdot \text{A}}{1\,\text{A}^2} = \frac{1\,\text{V}}{1\,\text{A}}$$

Auch der Widerstand ist kalorimetrisch meßbar. Als bequem handhabbare Normale werden heute höchststabile, sehr genau abgeglichene Widerstände verwendet.

Alle weiteren elektrischen Einheiten lassen sich sinngemäß aus den vier Grundeinheiten herleiten.

2 Klassische anzeigende Instrumente

Diese gebräuchlichste Klasse von Instrumenten übersetzt die zu messende Größe im allgemeinen in einen Zeigerausschlag (Verdrehwinkel α), in Spezialfällen auch in eine Drehgeschwindigkeit.

2.1 Proportionale Instrumente, linearer Mittelwert

Grundtyp des proportionalen Instrumentes ist das Drehspulinstrument, dessen wesentlicher Teil eine im homogenen Feld eines Permanentmagneten frei drehbare Spule ist (Bild 2.1). Die Stromzuführung zu dieser Spule geschieht über zwei Spiralfedern mit linearer Charakteristik (Rückstellmoment proportional zum Verdrehwinkel α). Wird die Spule von einem Strom i druchflossen, so tritt gemäß dem Gesetz von Biot-Savart ein zum Strom proportionales Drehmoment auf, das eine Verdrehung der Spule um die Drehachse zur Folge hat. In jedem Augenblick wirken also auf die drehbare Spule zwei entgegengesetzte Drehmomente: das elektrisch erzeugte, das proportional dem Strom i ist, und das mechanisch erzeugte, das proportional dem Verdrehwinkel α ist.

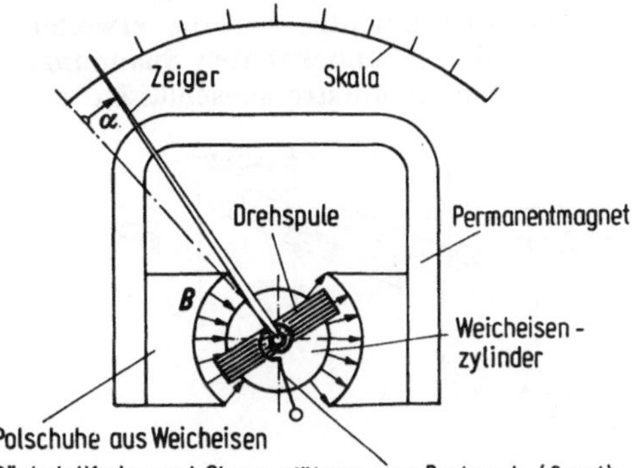

Bild 2.1. Aufbau des Drehspulenmeßwerkes

Ist der Strom i zeitlich konstant (Wert I), so stellt sich ein stationärer Ausschlagwinkel α proportional zu I ein. Falls der Strom i zeitlich variiert, so tritt zwar das elektrische Drehmoment trägheitslos auf, der Ausschlagwinkel α stellt sich jedoch entsprechend dem dynamischen Verhalten des mechanischen Systems ein. Ändert der Strom i periodisch mit einer Frequenz, die wesentlich über der mechanischen Eigenfrequenz des Systems liegt, so folgt für den Ausschlagwinkel

$$\alpha = c \frac{1}{T} \int_0^T i \, dt.$$

Je nach Aufbau des Systems können also sowohl der Momentanwert (Frequenz von $i \ll$ Eigenfrequenz des Systems) als auch der lineare Mittelwert (Frequenz von $i \gg$ Eigenfrequenz des Systems) angezeigt werden. Die Verwendung des Meßwerkes für lineare Mittelwerte oder für Gleichströme ist dabei die häufigste. Maximale Ausschlagwinkel von etwa 90° bis 270° (Weitwinkel-Instrumente) können erreicht werden. Der für Endausschlag notwendige Strom liegt in der Größenordnung zwischen 1 μA und 1 mA bei Spannungsabfällen von 30 bis 300 mV.

Der Verdrehwinkel α wird gewöhnlich durch einen mechanischen Zeiger auf einer Skala, die direkt in der zu messenden elektrischen Größe angeschrieben ist, angezeigt. In Spezialfällen wird anstelle des mechanischen Zeigers ein Lichtstrahl verwendet, der auf einem an der Drehspule befestigten Spiegel reflektiert wird (Spiegelgalvanometer, Lichtmarkeninstrument).

Verwendung als Amperemeter

Durch Hinzufügen von niederohmigen Nebenwiderständen (Shunts), parallel zum Meßsystem (Bild 2.2), kann der Strommeßbereich des Drehspulinstrumentes beliebig erweitert werden. Damit die unbekannten Spannungsabfälle an den Hauptstromanschlüssen den

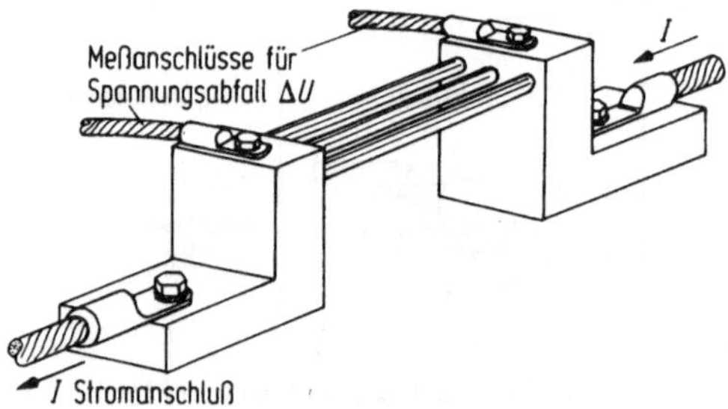

Bild 2.2. Nebenwiderstand (Shunt)

Ausschlag des Instrumentes nicht beeinflussen, werden bei vom Instrument getrennten Shunts separate Klemmen für Hauptstrom und Anschluß des Drehspulmeßwerkes vorgesehen. Mit Rücksicht auf leichte Austauschbarkeit sind die Spannungsabfälle beim Nennstrom zu 60 mV und 100 mV normiert.

Verwendung als Voltmeter

Durch Vorschalten von Vorwiderständen R_V zum eigentlichen Meßwerk mit dem Innenwiderstand R_i kann für beliebige Spannungen U Vollausschlag des Instrumentes erreicht werden (Bild 2.3). Käufliche Mehrbereichs-Drehspulinstrumente besitzen entweder separate Vor- und Nebenwiderstände zur Erweiterung des Meßbereiches oder sind als umschaltbare Mehrbereichsinstrumente ausgeführt.

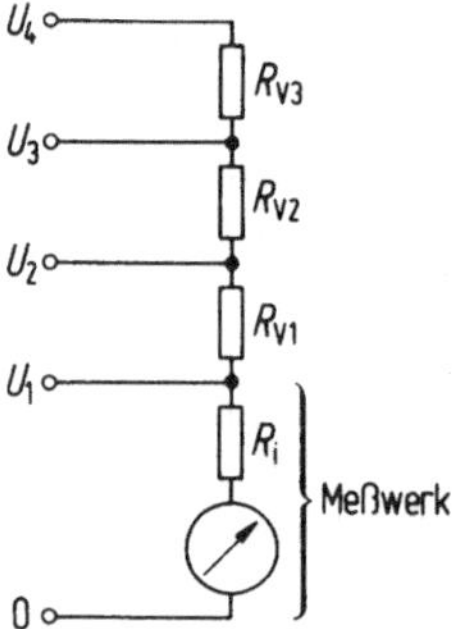

Bild 2.3. Erweiterung des Spannungsmeßbereiches

2.2 Quadratbildende Instrumente, quadratischer Mittelwert

Unter diesen Begriff fallen Instrumente, bei denen das elektrisch erzeugte Drehmoment proportional zum Quadrat der erregenden Größe (Strom oder Spannung) ist. Setzt man auch hier wieder entweder Gleichgrößen oder Wechselgrößen ausreichend hoher Frequenz voraus, so wird mit diesen Instrumenten der Effektivwert angezeigt.

Dreheiseninstrument

Das Dreheiseninstrument beruht auf dem Prinzip, daß in einem Magnetfeld auf einen ferromagnetischen Körper eine Kraft ausgeübt wird, die im wesentlichen proportional dem Quadrat der magnetischen Induktion B ist.

Die magnetische Induktion B wird mit Hilfe einer vom Strom $i(t)$ durchflossenen Spule erzeugt; das auftretende Drehmoment ist damit proportional zu $i^2(t)$, wobei allerdings durch die Formgebung des Magnetkreises auch noch eine definierte Abhängigkeit vom Verdrehwinkel α erzeugt werden kann.

In modernen Dreheiseninstrumenten wird das treibende Drehmoment über die abstoßende Kraft zwischen zwei gleichsinnig magnetisierten Eisenblechen erzeugt (Bild 2.4). Das Gegendrehmoment wird von einer linearen Feder geliefert, so daß im stationären Fall der Ausschlag sich bei ausreichend schnellen Änderungen von $i(t)$ gemäß

$$\alpha \sim \frac{1}{T} \int_0^T i^2(t)\, dt = I_{\text{eff}}^2$$

einstellt. Das Weicheiseninstrument zeigt also direkt den Effektivwert an.

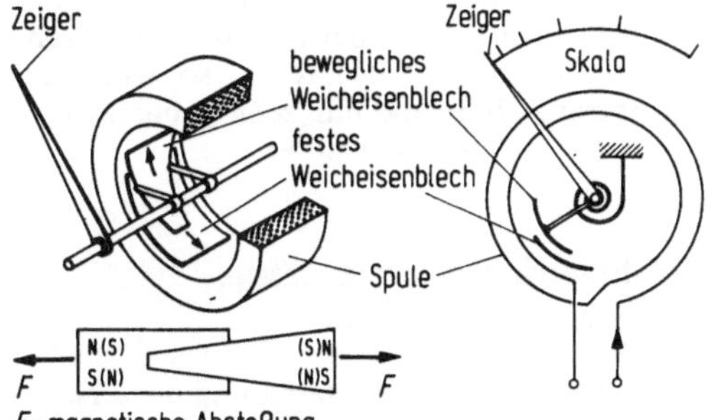

Bild 2.4. Aufbau des Dreheisenmeßwerkes

Variationen im mechanischen Aufbau gestatten, ausgehend von der ursprünglichen quadratischen Skala ($\alpha \sim I_{\text{eff}}^2$), grob angenähert lineare Skalen ($\alpha \sim I_{\text{eff}}$) sowie mechanisch überlastfeste Geräte (praktisch kein Drehmomentzuwachs in der Nähe des Vollausschlages trotz Stromsteigerung).

Der Minimalstrom für Vollausschlag beträgt ca. 10 mA, der Eigenverbrauch ist relativ hoch.

Die Meßbereichserweiterung als Voltmeter geschieht wie beim Drehspulinstrument über entsprechend dimensionierte Vorwiderstände.

Eine Meßbereichserweiterung als Amperemeter ist nicht mit Shunts möglich. Sie kann nur über Anzapfungen auf der Erregerspule des Meßwerkes (bis etwa drei Meßbereiche, maximal ca. 100 A) oder über entsprechende Meßwandler (s. Abschnitt 3) vorgenommen werden.

Elektrostatisches Instrument

Beim elektrostatischen Instrument werden die im elektrischen Feld auftretenden Kräfte, die proportional dem Quadrat der elektrischen Feldstärke E sind, gemessen. Auch hier wird also wieder direkt der Effektivwert angezeigt. Da die Kräfte sehr schwach sind, muß mit hohen Feldstärken operiert werden, so daß elektrostatische Instrumente nur zur Messung von hohen Spannungen (> 100 V) verwendet werden können.

Der Eigenverbrauch ist äußerst gering und praktisch nur durch kapazitive Ströme (Kapazität ca. 10 bis 100 pF) gegeben. Da das Instrument wegen der kleinen auslenkenden Kräfte mechanisch sehr empfindlich ist, wird es vorzugsweise als Laborinstrument verwendet.

Thermische Instrumente

Bei den thermischen Instrumenten wird die aus dem Stromdurchgang durch einen Leiter resultierende Erwärmung $\Delta\vartheta \sim R\, i^2$ gemessen, so daß auch hier wieder direkt Effektivwerte bestimmt werden können.

Haupttyp in der technischen Anwendung ist das Bimetall-Instrument. Der zu messende Strom erwärmt direkt oder indirekt einen Bimetallstreifen, der sich dann entsprechend der Erwärmung krümmt. Die Auslenkung des Bimetalls (Spirale oder lineares Element) ist ein Maß für den Effektivwert. Da die thermischen Zeitkonstanten a priori groß sind (Größenordnung Sekunden bis Minuten, mit zusätzlichen Wärmespeichern bis zu einer Stunde), wird mit Bimetallinstrumenten der langfristige Mittelwert schwankender Effektivwerte gemessen, so daß sie sich in erster Linie zur thermischen Überwachung von Transformatoren usw. eignen.

Wegen der großen auftretenden Kräfte kann das Instrument mechanisch sehr robust aufgebaut werden (Fahrzeugbau) und Schleppzeiger zur Maximalwertanzeige betätigen.

2.3 Produktbildende Instrumente

Haupttyp der produktbildenden Instrumente ist das elektrodynamische Instrument, das prinzipiell aus dem Drehspulinstrument hergeleitet ist, wobei das Magnetfeld B nicht mehr von einem Permanentmagneten, sondern von einem Elektromagneten mit dem Strom i_2 erzeugt wird. Das elektrische Moment wird also proportional $i_1 i_2$. Betrachtet man ausreichend hohe Grundfrequenzen von i_1 und i_2, so wird der stationäre Ausschlagwinkel

$$\alpha = c \frac{1}{T} \int_0^T i_1 i_2\, dt.$$

Schaltungstechnisch wird das elektrodynamische Instrument gemäß Bild 2.5 dargestellt. Die Punkte an den Anschlußklemmen kennzeichnen die Polarität jeder der beiden Wicklungen. Ein positiver Ausschlag entspricht dann positiven Werten von i_1 und i_2.

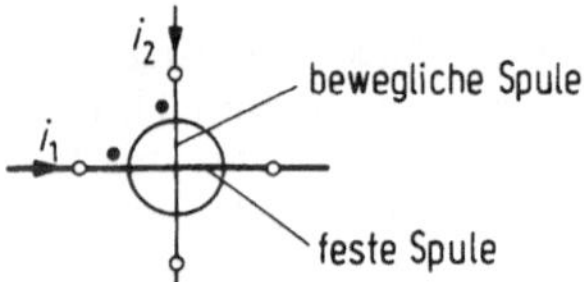

Bild 2.5. Schaltsymbol des elektrodynamischen Instruments

Das elektrodynamische Instrument wird fast ausschließlich als Wattmeter verwendet, da die Substituion $i_2 = u/R$ sofort, von Konstanten c und R abgesehen, auf die Definition der mittleren Leistung

$$P = \frac{1}{T} \int_0^T iu \, dt$$

führt, also der Ausschlagwinkel α proportional der mittleren Wirkleistung P ist. Die feststehende Spule ist dabei der Strompfad, die bewegliche Spule (einschließlich notwendiger Vorwiderstände) der Spannungspfad. Dreht man die Phasenlage der Spannung um 90° vor der Zuführung zum Spannungspfad, so wird nicht mehr die Wirkleistung, sondern die Blindleistung angezeigt (Varmeter).

Eine weitere Möglichkeit zur Bildung des Produktes bietet das Ferraris-Meßwerk (Bild 2.6), das allerdings nur für Wechselgrößen verwendbar ist. Jeder der zwei zeitlich veränderlichen Flüsse ϕ_u und ϕ_i induziert in der Scheibe Wirbelströme, die mit dem andern Fluß ein Drehmoment um die Achse ergeben. In der gezeigten Anordnung ist dieses treibende Drehmoment proportional der Wirkleistung

$$P = \frac{1}{T} \int_0^T ui \, dt.$$

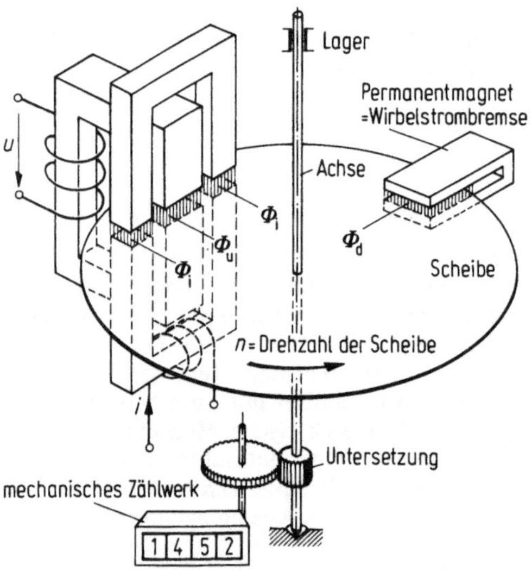

Bild 2.6. Energiezähler mit Ferraris-Meßwerk

Läßt man das Gegenmoment von einer Wirbelstrombremse (Permanentmagnet) erzeugen, so wird die Drehzahl n proportional zur Wirkleistung P. Das Hinzufügen eines mechanischen Zählwerkes ergibt dann die Integration der Leistung, somit die geleistete Arbeit (Elektrizitätszähler, Wirkenergiezähler).

Analog zum Wattmeter kann auch beim Zähler durch eine 90°-Phasendrehung der Spannung u ein Blindenergiezähler erhalten werden.

Ersetzt man die Wirbelstrombremse durch eine Spiralfeder um die Achse, so wird aus dem Ferraris-Meßwerk ein sehr robustes anzeigendes Watt- oder Varmeter.

2.4 Gleichrichterinstrumente, Vielfachinstrumente

Ein Vergleich der Systemdaten und der Erweiterungsmöglichkeiten des Drehspul- und des Dreheiseninstrumentes ergibt, daß von beiden Systemen meßtechnisch gesehen das Drehspulinstrument wesentlich vielseitiger ist. Um nun auch Wechselströme und Wechselspannungen damit messen zu können, muß man künstlich den Wechselstrom in einen proportionalen Gleichstrom umformen. Das Drehspulinstrument zeigt zu einem bestimmten gleichgerichteten Strom einen proportionalen Ausschlag, der auf der Skala auf Grund physikalisch-mathematischer Überlegungen in einem für Wechselströme charakteristischen Wert (üblicherweise dem Effektivwert) angeschrieben wird. Die Beziehungen zwischen dem gleichgerichteten Mittelwert und dem Effektivwert gelten jedoch nur für eine bestimmte Kurvenform, so daß bei Messungen mit Gleichrichterinstrumenten, die in Effektivwerten angeschrieben sind, Vorsicht geboten ist. Üblicherweise werden die Gleichrichterinstrumente für sinusförmige Meßgrößen in Effektivwerten kalibriert.

Bei abweichender Kurvenform entspricht der Ausschlag lediglich dem gleichgerichteten Mittelwert, besitzt jedoch nur einen beschränkten Aussagewert bezüglich Effektivwert.

Alle handelsüblichen Vielfachinstrumente sind kombinierte Mehrbereichs-Drehspulinstrumente mit Gleichrichter auf den Wechselspannungs- bzw. -strombereichen, so daß ihre Verwendung bei nicht-sinusförmigen Meßgrößen zu verfälschten Ergebnissen führt.

2.5 Genauigkeit und Fehler, Meßwerkkennzeichnung

Hauptfehlerquelle bei Zeigerinstrumenten sind, korrekter Einsatz vorausgesetzt, die vom Aufbau herrührenden Ungenauigkeiten (Lagerreibung, Magnetfeldhomogenität, Abgleich der Vor- und Nebenwiderstände).

Diese Fehler sind in der Genauigkeitsklasse des Instrumentes in Prozent des Endausschlages zusammengefaßt. Die Genauigkeitsklassen sind normiert in der Reihenfolge

0,1 ; 0,2 ; 0,5	1 ; 2; 3
Präzisionsinstrumente	Betriebsinstrumente

Da die Fehler immer auf den Endwert bezogen und damit absolute Fehler sind, ist der relative Fehler am Meßbereichsanfang wesentlich größer als am Meßbereichsende.

Zur eindeutigen Kennzeichnung der Art des Meßwerkes werden spezielle Symbole verwendet, welche in der Tabelle 2.2 aufgeführt sind. Diese Symbole werden zusammen mit den Verwendungshinweisen und Angaben über die Fehlerklasse auf der Skala aufgedruckt.

Tabelle 2.2.
Symbolische Bezeichnungen auf elektrischen Meßinstrumenten

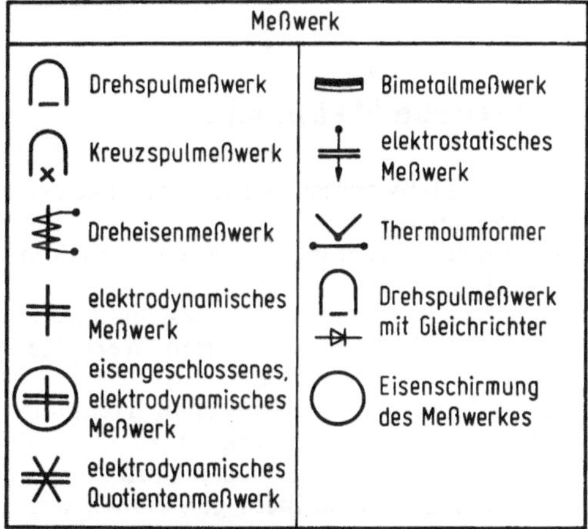

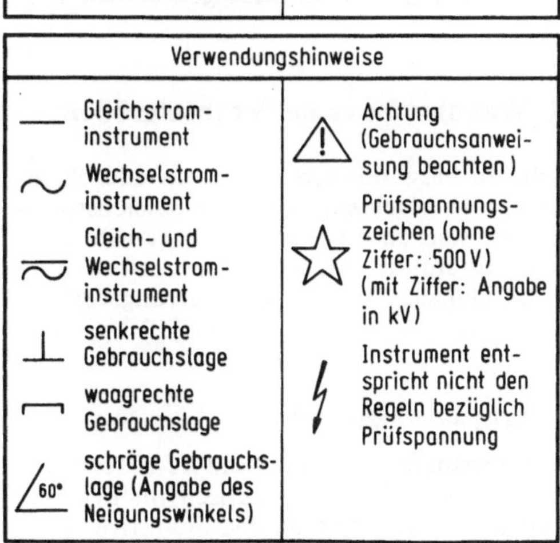

2.6 Direkte Registrierung

Registrierende Instrumente dienen zur direkten Aufzeichnung elektrischer Momentan- und Mittelwerte, soweit sie durch einen Zeigerausschlag (materieller Zeiger oder Lichtzeiger) darstellbar sind.

Es gibt zwei Arten von Schreibvorrichtungen:
- Linienschreiber zur fortlaufenden Aufzeichnung,
- Punktschreiber, die nur in bestimmten Abständen den Wert registrieren.

Hinzu kommt als indirektes Verfahren der Kompensationsschreiber, bei dem das erforderliche Drehmoment zur Verstellung des Schreibstiftes nicht direkt vom Meßwerk, sondern über einen elektro-mechanischen Kompensator erzeugt wird. Kompensationsschreiber sind die empfindlichsten und genauesten Schreiberarten.

Je nach Art der hauptsächlichen Anwendung werden unterschieden:
- Koordinatenschreiber mit feststehendem Papier und in zwei Achsen beweglichem Schreibstift (x-y-Schreiber);
- Linienschreiber, bei denen der Schreibstift sich entlang einer Achse bewegt. Senkrecht zu dieser Achse bewegt sich das Papier mit einer einstellbaren Geschwindigkeit.

Koordinatenschreiber sind im allgemeinen Laborgeräte, bei denen eine oder mehrere Schreibfedern nach dem Kompensationsprinzip entsprechend zwei Eingangssignalen (x- und y-Eingänge) ausgelenkt werden. Da das Kompensationsprinzip sowieso einen elektronischen Verstärker (Abschnitt 4.6) für den

Antrieb des Verstellmotors benötigt, wird gewöhnlich die Eingangsempfindlichkeit (V/cm bzw. cm/V) variabel gemacht. Die maximale Schreibgeschwindigkeit beträgt bis zu 20 cm/s.

Bei *Linienschreibern* werden zwei Arten unterschieden:

- langsame Schreiber zur Registrierung von langsam veränderlichen Größen;
- schnelle Schreiber oder Oszillographen zur Registrierung von Momentanwerten bis zu einigen Kilohertz.

Langsame Schreiber sind gewöhnlich direkte Schreiber, bei denen im einfachsten Fall die Feder direkt auf dem Meßwerkzeiger angebracht ist. Gewöhnlich wird allerdings durch entsprechende mechanische Einrichtungen dafür gesorgt, daß lineare, nicht bogenförmige Koordinaten geschrieben werden. Der Papiervorschub geschieht in den meisten Fällen über einen Synchronmotor mit umschaltbarem Getriebe, seltener über einen Federwerkmotor.

Die maximale Aufzeichengeschwindigkeit liegt bei geeigneten Meßwerken bei etwa 50 Hz. Als Verfahren zur *Aufzeichnung* kommen in Frage:

- Tinte auf normalem Papier: Dieses Verfahren ist billig, aber ziemlich anspruchsvoll in der Wartung. Zum Teil werden heute auch Filzschreiber o.ä. verwendet.
- Elektrische Einbrennung auf metallisiertem Papier: Hierbei wird mit Stromdurchgang durch den Zeichenstift eine dünne Metallschicht auf dem Registrierpapier verdampft. Die Registrierung ist scharf und haltbar, die Gerätewartung sehr einfach.
- Geheizter Schreibstift auf Wachspapier: Das gefärbte Papier ist mit einer dünnen Wachsschicht überzogen, die unter dem geheizten Schreibstift schmilzt. Diese Registrierungsart ist sehr schnell, allerdings sind die Registrierstreifen mechanisch und chemisch (Lösungsmittel!) sehr empfindlich.

Eng verwandt mit den langsamen Linienschreibern sind die *Punktschreiber*, bei denen der Meßwert nicht kontinuierlich, sondern in regelmäßigen Abständen punktweise durch Niederdrücken des Zeigers mittels eines Fallbügels aufgetragen wird. Da sich hier der Zeiger außer im Moment der Registrierung frei bewegt, können empfindlichere Meßwerke benutzt werden. Gleichzeitig kann mit der Betätigung des Fallbügels auch ein Meßstellen- und Farbbandumschalter gekoppelt werden, so daß Mehrkanalregistrierung mit einem Meßwerk, aber in verschiedenen Farben möglich ist.

Schnelle Schreiber und Oszillographen werden im allgemeinen zur fortlaufenden Registrierung von Momentanwerten im Bereich 100 Hz bis einige kHz verwendet. Meßsystem ist hier fast immer das Drehspulmeßwerk, seltener das elektrodynamische (Leistungsschreiber).

Praktisch alle modernen Geräte sind Lichtstrahloszillographen, bei denen die Auslenkung des Meßwerkes je nach Schreibgeschwindigkeit auf sofort entwickelndem, UV-empfindlichem Spezialpapier oder auf naß zu entwickelndem Photopapier registriert wird.

Die elektrische Überlastbarkeit der Meßwerke ist sehr gering. Bei modernen Oszillographen besteht gewöhnlich die Möglichkeit, die Spulen oder Schleifen über elektronische Vorverstärker mit eingebauter Strombegrenzung zu betreiben.

Hauptvorteile elektromechanischer Oszillographen und Schreiber sind die Möglichkeit beliebig langer Registrierung und die gleichzeitige Aufnahme von bis zu 50 Signalen auf dem gleichen Streifen.

3 Elektrische Meßwandler

Elektrische Meßwandler werden im allgemeinen verwendet zur:

- galvanischen Trennung des Meßgerätes vom Meßort,
- Transformation der zu messenden Größe auf einen bequem erfaßbaren Wert (gewöhnlich eine Reduktion).

Die Bedingung der galvanischen Trennung bedeutet, daß ein Transformator zu verwenden ist. Für Gleichstromanlagen muß zu speziellen Kunstgriffen Zuflucht genommen werden.

3.1 Wandler für reine Wechselgrößen

Ist die zu messende Größe (Strom oder Spannung) eine Wechselgröße ohne Gleichstromglied, so werden die Wandler als gewöhnliche Transformatoren mit erhöhter Anforderung an die Genauigkeit des Übersetzungsverhältnisses $\ddot{u}$ und an den Phasenwinkel zwischen Ein- und Ausgangsgröße ausgelegt.

Wechselspannungswandler

Wechselspannungswandler sind Transformatoren, die sekundärseitig praktisch im Leerlauf arbeiten, so daß ohmsche und induktive Spannungsabfälle und Zeigerdrehungen möglichst klein sind.

Die Klemmenbezeichnungen U, V für die Oberspannungs-(Primär-)Seite und u, v für die Unterspannungs-(Sekundär-)Seite sind genormt, desgleichen auch der Wert der Sekundärspannung U_2, die heute allgemein 100 V beträgt. Aus Sicherheitsgründen müssen Spannungswandler sekundärseitig geerdet werden, damit im Falle eines Isolationsdefektes die Sekundärseite kein gefährliches Potential annehmen kann.

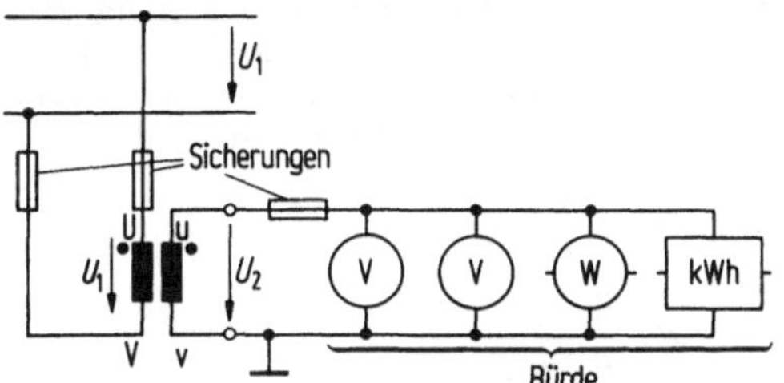

Bild 3.1. Einsatz von Wechselspannungswandlern

Wechselstromwandler

Wechselstromwandler sind Transformatoren, die sekundärseitig praktisch im Kurzschluß arbeiten, so daß der Sekundärstrom weitgehend nur vom Primärstrom bestimmt wird.

Auch bei Stromwandlern muß der Sekundärkreis aus Sicherheitsgründen dauernd geerdet werden, damit im Falle eines Isolationsdefektes die Sekundärseite kein gefährliches Potential annehmen kann. Stromwandler dürfen sekundär *nie offen*, d.h. mit $I_2 = 0$ betrieben werden, da sonst sehr hohe gefährliche Spannungen zwischen den sekundären Klemmen entstehen. Aus diesem Grunde sind sekundärseitige Sicherungen nicht zulässig. Zum Auswechseln eines Instrumentes muß die Sekundärseite vorher kurzgeschlossen werden.

Die Klemmenbezeichnungen K, L für die Primärseite und k, l für die Sekundärseite sind genormt, desgleichen auch die Werte des Sekundärstromes I_2 zu 1 A und 5 A.

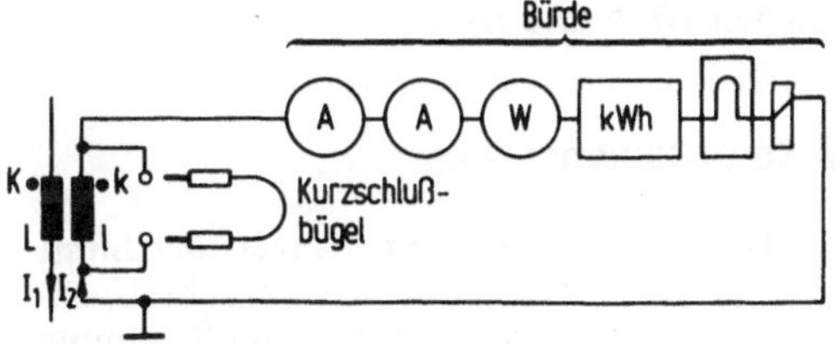

Bild 3.2. Einsatz von Wechselstromwandlern

Eine Sonderstellung unter den Stromwandlern nimmt der Zangenwandler ein, bei dem nach dem Prinzip einer Zange der Eisenkreis geöffnet und über den Primärleiter geführt werden kann. Zangenwandler sind praktische Betriebsmeßgeräte, jedoch als Präzisionswandler ungeeignet. Sie werden auch mit eingebautem Meßwerk geliefert.

3.2 Wandler für Gleichgrößen und Mischgrößen

Weist die zu messende Größe eine Gleichkomponente (Gleichspannung oder Gleichstrom) auf, so kann das transformatorische Prinzip nicht mehr verwendet werden, d.h. es muß auf andere Prinzipien übergegangen werden, bei denen allerdings zum Teil recht komplizierte elektrische Vorgänge eine Rolle spielen.

Gleichspannungwandler

Gleichspannungswandler bestehen im allgemeinen aus einem elektronischen oder mechanischen Zerhacker (schneller Umschalter), einem Isoliertransformator, der gleichzeitig Spannungswandler ist, und einer sekundärseitigen Gleichrichterschaltung, so daß die Ausgangsspannung proportional der Eingangsspannung wird.

Gleichstromwandler

Für die Abbildung von Gleichströmen können verschiedene Prinzipien verwendet werden:

- Zerhackerwandler sind identisch mit Gleichspannungswandlern, wobei lediglich die Spannung U_1 als Spannungsabfall über einem Shunt gewonnen wird.
- Transduktorwandler sind sehr häufig verwendete Gleichstromwandler, deren Funktionsweise jedoch hier nicht näher behandelt werden soll (zu kompliziert).
- Hall-Wandler sind Meßgeräte, die auf Grund der auftretenden magnetischen Induktion B um einen Leiter auf den entsprechenden umfaßten Strom schließen. Dieses Prinzip eignet sich für schnelle und genaue Überträger am besten.

4 Messungen in Drehstromnetzen

Ein beliebiges Drehstromnetz kann aufgefaßt werden als Kombination von drei Einphasennetzen, von denen je ein Leiter zum Nulleiter des Drehstromnetzes zusammengefaßt ist. Leistungsmessungen erfolgen im allgemeinen gegen diesen Nulleiter, so daß drei Wattmeter notwendig sind.

Im Dreiphasennetz *ohne Nulleiter* wird eine Phase als Bezugsleiter genommen, so daß die Leistungsmessungen im Prinzip in zwei Leitern gegenüber dem dritten Leiter vorgenommen werden können. Dies entspricht der häufig angewandten Aron-Schaltung. Die gesamte übertragene Wirkleistung P entspricht der algebraischen Summe der beiden Messungen P_1 und P_2.

Es werden auch spezielle Dreiphasen-Leistungs- bzw. Energiemesser angeboten, in denen die Meßsysteme auf einer Achse angeordnet sind, so daß direkt die Gesamtwirkleistung abgelesen werden kann. Ausführung als Dreiphasen-Dreileiter-Schaltung (ohne Nulleiter) und Dreiphasen-Vierleiter-Schaltung (mit Nulleiter).

Mit der entsprechenden Phasendrehung von 90° an den Spannungsanschlüssen lassen sich mit diesen Systemen sinngemäß auch Blindleistung und Blindenergie messen.

Beim Einsatz von Spannungswandlern in Dreiphasennetzen mit Nulleiter schaltet man Primär- und Sekundärseite im Stern und hat damit sekundärseitig ein getreues Abbild sämtlicher Spannungen.

Stromwandler in Netzen mit Nulleiter werden nur in jeder der drei Phasen eingesetzt. Der transformierte Nulleiterstrom ergibt sich aus der Summe der drei Sekundärströme der Stromwandler. Aus Sicherheitsgründen ist die sekundärseitige Erdung der Wandler unbedingt notwendig.

5 Widerstands- und Impedanzmessung

5.1 Widerstandsmessung

Grundlage jeder Widerstandsmessung ist das Ohmsche Gesetz

$$R=\frac{U}{I}.$$

Man kann demnach einen Widerstand R bestimmen, indem man ihn von einem bekannten Strom I durchfließen läßt und den Spannungsabfall am Widerstand mißt.

In der Handhabung bequemer und zudem genauer ist die Widerstandsmessung mittels der Wheatstone-Brücke (Bild 5.1).

Eine Gleichspannungsquelle speist zwei Zweige R_x, R_N und R_1, R_2 einer Brücken-

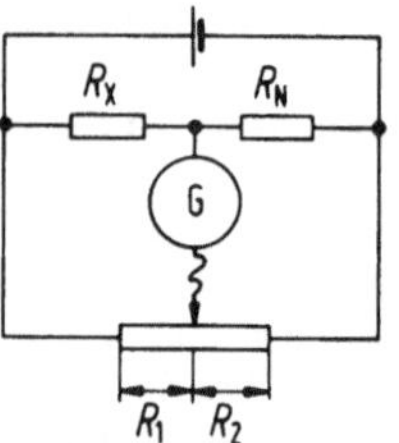

Bild 5.1. Wheatstone-Brücke

schaltung. Der zu messende Widerstand kann mit dem bekannten Normalwiderstand R_N verglichen werden, indem man das Verhältnis R_1/R_2 so lange verändert, bis der Strom im Galvanometer G null wird. Dann gilt

$$\frac{U_x}{U_N}=\frac{R_x}{R_N}=\frac{U_1}{U_2}=\frac{R_1}{R_2},$$

$$R_x=R_N\frac{R_1}{R_2}.$$

Hat R_x extrem kleine Werte unterhalb 1 Ω bis zu 1 μΩ, so gehen die Übergangswiderstände des zu bestimmenden Widerstandes zu stark als Fehler in die Messung ein. Hier wendet man die etwas komplizierte Thomson-Brücke, bei welcher ein Vierleiteranschluß gemäß Bild 5.2 verwendet wird. Zwei Leiter dienen der Zufuhr des Meßstromes; über diesen Anschlüssen liegt die Spannung

$$U=RI+\Sigma R_{ü}I.$$

Der interessierende Spannungsabfall R_xI wird mit zwei separaten Anschlüssen abgegriffen (vgl. Bild 2.2).

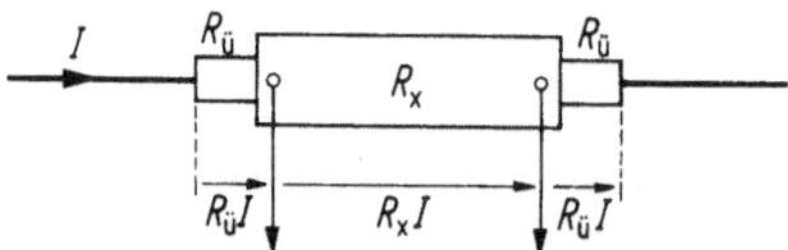

Bild 5.2. Vierleiteranschluß

Wheatstone- und Thomson-Brücke ergeben in einfacher, handlicher Ausführung eine Meßgenauigkeit von etwa 1%; beste Labormodelle erreichen 10^{-6} und mehr.

5.2 Impedanzmessung

Grundsätzlich können Impedanzen bestimmt werden, indem man sie aus einer Wechselspannung speist und sodann Strom I und Spannung U nach Betrag und gegenseitiger Phasenlage bestimmt. So gilt z.B. für eine Drosselspule unter Annahme einer Serieersatzschaltung:

$$Z = \frac{U}{I},$$

$$R_\delta = \frac{P}{I^2}$$

$$\omega L = \sqrt{Z^2 - R_\delta^2},$$

$$\tan \delta = \frac{R_\delta}{\omega L}$$

Diese Art der Impedanzmessung findet vor allem für Objekte der elektrischen Energietechnik Verwendung.

Brückenschaltungen ähnlich der Wheatstoneschen Brücke eignen sich ebenfalls für Impedanzmessung. Wenn der Nullindikator $U_n = 0$ anzeigt, so gilt

$$Z_x = \frac{Z_2 Z_3}{Z_4},$$

d.h. die unbekannte Impedanz Z_x kann nach Betrag und Phase bestimmt werden.

Wechselstrommeßbrücken für den bequemen allgemeinen Gebrauch sind als handliche Geräte aufgebaut. Die Umschaltung der Meßgrößen *R*, *L* oder *C* schaltet die Variante der eingebauten Wechselstrombrücke um. Die Abgleichknöpfe für Betrag und Phase sind vorzugsweise direkt mit dem Betrag der Impedanz und dem Verlustwinkel geeicht und erübrigen weitere Rechnungen.

Man beachte auch bei der Messung mit Impedanzmeßbrücken, daß die Meßfrequenz und der Meßstrom bzw. die Meßspannung innerhalb des Bereiches liegen soll, für den die betreffende Impedanz ausgelegt ist.

6 Elektronische Meßgeräte

6.1 Elektronische Meßverstärker

Als Verstärker werden in der Elektrotechnik Geräte bezeichnet, welche einen definierten Zusammenhang zwischen einer Eingangsgröße und einer Ausgangsgröße aufweisen. Üblicherweise ist die Eingangsgröße eine Spannung U_e, während ausgangsseitig, je nach Verwendungszweck, mit einer eingeprägten Ausgangsspannung U_a oder einem eingeprägten Strom I_a gearbeitet wird. Die ausgangsseitig verfügbare Leistung wird dabei der Speisung (Netz oder Batterie) entnommen (Bild 6.1).

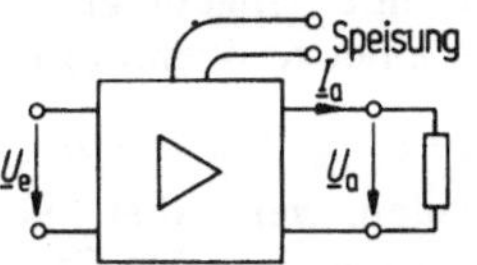

Bild 6.1. Elektronischer Verstärker

Die in der Meßtechnik verwendeten Verstärker sind im allgemeinen linear. Wünschbar wäre eine von der Frequenz unabhängige Verstärkung, was sich jedoch nur in einem beschränkten Frequenzbereich verwirklichen läßt. Ein realer linearer Verstärker hat deshalb einen frequenzabhängigen Zusammenhang zwischen U_a und U_e, der sich für sinusförmige Spannungen wie folgt angeben läßt:

– ausgangsseitig eingeprägte Spannung:

$$U_a = V_U(\omega)\, U_e,$$

– ausgangsseitig eingeprägter Strom:

$$I_a = V_I(\omega)\, U_e.$$

Reale Verstärker entnehmen immer dem Meßobjekt, also der Quelle für U_e, eine gewisse Leistung. Diese Belastung kann genügend genau durch einen ohmschen Widerstand R_{in} mit dazu parallelgeschalteter Kapazität C_{in} dargestellt werden (Bild 6.2). Desgleichen ist auch ausgangsseitig der Verstärker nicht ideal, sondern in erster Näherung als reale gesteuerte Quelle mit Innenwiderstand R_q aufzufassen.

Damit ergeben sich Ersatzschaltbilder für den realen Verstärker gemäß Bild 6.2.

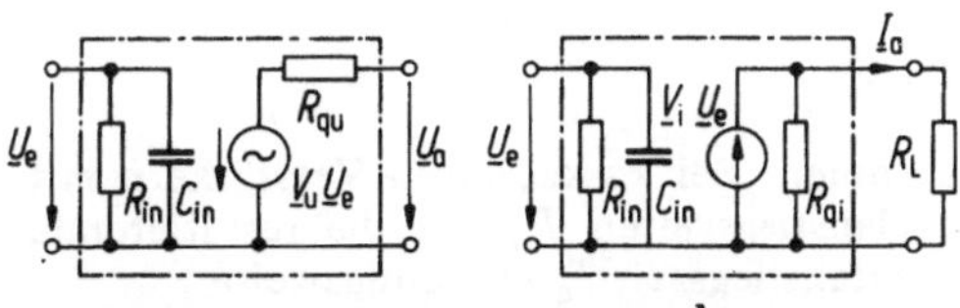

Bild 6.2. Ersatzschema für elektronische Verstärker.
a) eingeprägte Ausgangsspannung;
b) eingeprägter Ausgangsstrom

Typische Werte sind

R_{in} : 1 bis 100 MΩ (universelle Anwendung);
50 Ω (HF) ,

C_{in} : 20 bis 50 pF ,

R_{qu} : einige Ω bis 50 Ω bis 600 Ω ,

R_{qi} : einige kΩ .

Im folgenden sollen reale Verstärker mit eingeprägter Ausgangsspannung U_a betrachtet werden. (Für Verstärker mit eingeprägtem Ausgangsstrom lassen sich analoge charakteristische Größen angeben.)

Die Verstärkung V_U selber ist von Verstärker zu Verstärker verschieden, weist aber bei Meßverstärkern allgemein einen bei der Frequenz null anfangenden, weitgehend flachen Verlauf (konstante Verstärkung) über einen weiten Frequenzbereich und einen relativ starken Abfall bei hohen Frequenzen aus. Als Grenzfrequenz f_g wird dabei die Frequenz bezeichnet, bei welcher die Verstärkung auf $1/\sqrt{2}$ des konstanten Wertes bei mittleren Frequenzen abgefallen ist ($1/\sqrt{2} \approx 70\%$, oft auch 3-dB-Punkt genannt).

Moderne Verstärker können, bei entsprechendem Aufwand, Verstärkungsfaktoren V_0 von 10^5 bis 10^6 und Grenzfrequenzen von einigen Megahertz bis mehreren hundert Megahertz erreichen, wobei allerdings hohe Verstärkung und gleichzeitig hohe Grenzfrequenz außerordentlich schwierig zu erzielen sind.

Sehr oft wird auch anstelle der Grenzfrequenz die Anstiegszeit T_a eines Verstärkers angegeben, welche aus dem Verlauf der Ausgangsspannung bei sprunghafter Änderung der Eingangsspannung bestimmt wird („Schrittantwort"). T_a ist definiert als das Zeitintervall, innerhalb welchem die Ausgangsspannung von 10% auf 90% ansteigt. Zwischen T_a und f_g besteht bei einer gegebenen Verstärkerstruktur ein eindeutiger Zusammenhang. Für praktische Anwendung kann man ihn aus der Faustformel

$$T_a f_g \approx \frac{1}{3}$$

bestimmen. Bei kaskadierten Verstärkern mit Einzelanstiegszeiten T_{an} ist die resultierende Gesamtanstiegszeit T_a näherungsweise

$$T_a = \sqrt{\Sigma T_{an}^2}\,.$$

Im weiteren ist beim Einsatz von Verstärkern zu berücksichtigen, daß sie nur über einen beschränkten Bereich der Eingangsspannung einen linearen Zusammenhang zwischen Ausgangsspannung und Eingangsspannung aufweisen. Sowohl U_e als auch U_a dürfen einen bestimmten maximalen Wert $U_{e\,max}$ bzw. $U_{a\,max}$ (durch die Auslegung und die internen Speisespannungen des Verstärkers gegeben) nicht überschreiten. Damit ergibt sich eine Kennlinie mit Sättigung gemäß Bild 6.3.

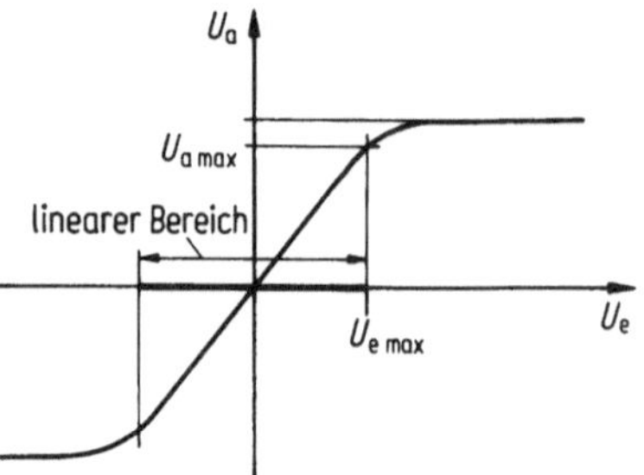

Bild 6.3. Statische Verstärkerlinie

Aus schaltungstechnischen Gründen ist es bei stark variierenden Bereichen der Eingangsspannung zweckmäßig, immer die gleiche Konfiguration für den Verstärker zu behalten und die zu messende Spannung U zuerst mit einem frequenzunabhängigen Spannungsteiler auf einen Wert im Bereich 0 bis $\pm\, U_{e\,max}$ zu reduzieren. Wegen der kapazitiven Komponente der Eingangsimpedanz des Verstärkers muß auch der Teiler kapazitive Elemente aufweisen, damit ein frequenzunabhängiges Teilerverhältnis ermöglicht wird. Ein stufenloser Teiler gestattet zusätzlich eine ungeeichte kontinuierliche Abschwächung bei verschlechtertem Frequenzgang.

Auch für diesen vollständigen Verstärker mit variabler Empfindlichkeit kann wieder ein dem Bild 6.2 ähnliches Ersatzschaltbild angegeben werden. Die typischen Werte für R_{in} und C_{in}, direkt von den Klemmen für U aus gesehen, haben die gleichen Größenordnungen, wie dort angegeben, d.h. R_{in} = 1 bis 100 MΩ bzw. 50 Ω; C_{in} = 15 bis 50 pF.

Neben dem bisher beschriebenen „Universalverstärker" werden in der Meßtechnik auch Spezialverstärker verwendet, welche bestimmte zusätzliche Eigenschaften aufweisen. Einige der wichtigsten Spezialverstärker werden im folgenden kurz beschrieben.

Chopper-Verstärker

Gleichspannungsgekoppelte Verstärker weisen immer mehr oder weniger starke Drifterscheinungen auf, d.h., auch wenn die Eingangsspannung null ist, kann am Ausgang eine Spannung auftreten, welche sich im Laufe der Zeit langsam ändert. Damit werden Langzeitmessungen konstanter oder sehr langsam veränderlicher Eingangsgrößen verfälscht. Bei reinen Wechselspannungsverstärkern können diese Drifterscheinungen relativ einfach ausgeglichen werden, so daß bei den genannten Meßproblemen ihr Einsatz von Vorteil wäre.

Eine mögliche Lösung zur Messung von Gleichspannungen mit einem Wechselspannungsverstärker arbeitet wie folgt (Chopper-Verstärker): Die zu messende Eingangsspannung U_e wird in einer Zerhackerstufe (elektronischer oder, seltener, mechanischer Zerhacker) in eine proportionale Wechselspannung umgeformt, welche anschließend in einem Wechselstromverstärker verstärkt wird. Am Ausgang des Verstärkers wird mittels einer Spezialschaltung die Ausgangsspannung phasengetreu demoduliert („gleichgerichtet"), so daß eine der Eingangsspannung in Betrag und Vorzeichen proportionale Spannung entsteht.

Müssen Mischsignale bestehend aus Gleichspannung und Wechselspannung verstärkt werden, so werden nur der Gleichspannungsanteil sowie sehr niederfrequente Wechselanteile im Chopper-Verstärker verarbeitet. Der Wechselspannungsanteil wird über einen geeigneten Hochpaß auf einen parallelen Wechselstromverstärker gegeben. Am Ausgang werden beide Spannungsanteile addiert, so daß das verstärkte Eingangssignal rekonstruiert ist. Man spricht in diesem Fall von einem „chopperstabilisierten Verstärker".

Differentialverstärker

Differentialverstärker dienen zur Bildung einer Ausgangsspannung entsprechend der Differenz von zwei Eingangsspannungen. Die Eingangsspannungen werden dabei auf ein gemeinsames Potential bezogen, welches identisch ist mit dem Nullpotential der Ausgangsspannung (Bild 6.4).

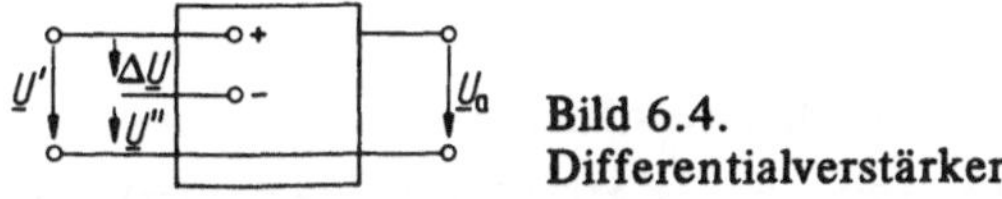

Bild 6.4. Differentialverstärker

Beim idealen Differenzverstärker mit der Verstärkung V wäre

$$U_a = V(U' - U'') = V\Delta U.$$

Beim realen Differenzverstärker tritt in der Ausgangsspannung immer auch noch eine Komponente auf, welche dem mittleren Potential (Gleichtaktpotential)

$$U_{CM} = \frac{U' + U''}{2}$$

der beiden Eingänge entspricht, so daß für die totale Ausgangsspannung gilt:

$$U_a = V\left(U' - U'' + \frac{2}{CMRR} \cdot \frac{U' + U''}{2}\right) = V\left(\Delta U + \frac{U_{CM}}{CMRR}\right)$$

CMRR („Common Mode Rejection Ratio") ist ein Maß für die Gleichtaktunterdrückung und gibt anschaulich an, welcher zusätzlichen Differenzspannung am Eingang die Gleichtaktspannung in ihrer Wirkung auf den Ausgang entspricht. Übliche Werte für *CMRR* sind etwa 100 bis 10 000 bei Gleichspannung. Bei höheren Frequenzen tritt eine starke Abnahme auf.

Trennverstärker

Trennverstärker bewirken eine vollständige galvanische Trennung des Eingangs vom Ausgang und gestatten somit die Messung von Spannungen auf einem beliebigen Potential innerhalb der zulässigen Grenzen des Verstärkers. Übliche Verfahren sind analoge Modulation (Aufbringung des Meßsignals auf einen geeigneten Träger und transformatorische Kopplung) sowie die Digitalisierung mit anschließender galvanisch getrennter Übertragung der einzelnen Bits (z.B. mittels Transformatoren oder Optokopplern). Die obere Grenzfrequenz von Trennverstärkern liegt meist bei einigen Kilohertz bis mehreren hundert Kilohertz.

Elektrometerverstärker

Unter dem Sammelbegriff Elektrometerverstärker werden Verstärker verstanden, welche höchstohmige Eingangswiderstände aufweisen (Größenordnung 10^9 bis 10^{14} Ω) und somit auch die Spannungsmessung an Quellen hoher Innenimpedanz, wie z.B. Glaselektroden zur pH-Messung, erlauben.

Ladungsverstärker

Ladungsverstärker werden vor allem in Verbindung mit piezoelektrischen Gebern verwendet. Ihre Ausgangsspannung ist nicht proportional der Eingangsspannung, sondern proportional der am Eingang aufgebrachten Ladung.

6.2 Elektronenstrahloszilloskopen

Der Elektronenstrahloszilloskop, auch Kathodenstrahloszilloskop genannt, ist eines der universellsten und wichtigsten Meßgeräte in der modernen elektrischen Meßtechnik. Seine Fähigkeit zur zweidimensionalen Darstellung der Momentanwerte von Meßgrößen gestattet, sowohl den Verlauf von Meßgrößen in Funktion der Zeit als auch die gegenseitige Abhängigkeit zeitlich variabler Meßgrößen zu erfassen.

6.2.1 Grundaufbau

Das zentrale Meßsystem jedes Elektronenstrahloszilloskopen ist die Elektronenstrahlröhre, auch Kathodenstrahlröhre oder Braunsche Röhre genannt (Bild 6.5). Eine in der evakuierten Röhre befindliche Kathode K wird mittels eines stromdurchflossenen Heizdrahtes erhitzt und dadurch befähigt, Elektronen zu emittieren. Die gegenüber der Kathode im Ausmaß von einem bis mehreren Kilovolt positiven Anoden A1 und A2 beschleunigen die emittierten Elektronen nach rechts. Nach dem Durchlaufen der ganzen Länge der Röhre prallen sie rechts auf dem Bildschirm auf, der aus einer fluoreszierenden Schicht innerhalb der ebenen Frontfläche des Glaskolbens besteht. Die Fokussierung des auf den Schirm auftreffenden Elektronenstrahls geschieht durch Verändern der Spannung der Anode A1 gegenüber Anode A2 mittels der Einstellung F. Die Intensität des Elektronenstrahls und damit die Helligkeit des Leuchtpunktes auf dem Schirm wird durch Variation der gegenüber der Kathode negativen Vorspannung am Gitter G eingestellt.

Auf dem Wege zum Schirm durchläuft der Elektronenstrahl zwei Paare von Ablenkplatten. Legt man zwischen den beiden Ablenkplatten eines Paares eine elektrische Spannung an, so werden die Elektronen im elektrostatischen Feld zwischen den Platten abgelenkt; beim y-Plattenpaar in vertikaler, beim x-Plattenpaar in horizontaler Richtung. Der Leuchtpunkt auf dem Bildschirm wird in x- und y-Richtung proportional zu den Ablenkspannungen u_x bzw. u_y ausgelenkt. Die erforderliche Spannung u_x bzw. u_y für die volle Auslenkung des Elektronenstrahls liegt in der Größenordnung von 100 V. Da Spannungen dieser Größe direkt aus Meßobjekten nur selten verfügbar sind, rüstet man grundsätzlich jedes Plattenpaar mit einem elektronischen Verstärker aus.

6.2.2 Zeitablenkung

In der weitaus häufigsten Anwendung des Elektronenstrahloszilloskopen sollen einmalige oder periodische Meßgrößen in Funktion der Zeit abgebildet werden.

Bei der Messung eines einmaligen Vorganges $u_y = f(t)$ ist die Zeitachse des Originalvorganges durch die x-Achse auf dem Bildschirm zu ersetzen. Man erreicht dies, indem man am horizontalen Ablenksystem eine mit der Zeit linear ansteigende Spannung u_x anlegt. Zusätzlich einstellbare Gleichspannungen, welche im Oszilloskopen direkt zu den Ablenkspannungen addiert werden, gestatten die optimale Verschiebung des Bildes (y- bzw. x-Position). Soll statt eines einmaligen Vorganges eine periodische Meßgröße u_y abgebildet werden, so läßt sich ein stehendes Bild erzielen, wenn eine periodisch wiederkehrende, linear ansteigende Spannung u_x verwendet wird, deren Frequenz zu jener von u_y in einem ganzzahligen Verhältnis steht. Um das ganzzahlige Verhältnis dauernd aufrecht zu erhalten, ist es erforderlich, die Auslösung jedes neuen Zeitablenkvorganges von der Meßgröße aus zu steuern (Triggerung).

Die Triggerung durch internen Vergleich mit der Meßspannung nennt man interne Triggerung. Sie ist meistens umschaltbar auf beliebige externe Quellen oder auf eine netzfrequente Spannung.

6.2.3 Vertikalverstärkung

Die hohe, an den Ablenkplatten erforderliche Spannung von über 100 V erfordert generell einen eingebauten Verstärker (vgl. Abschn.

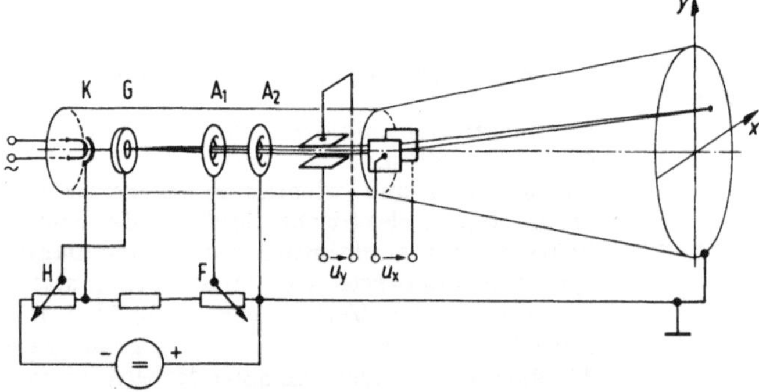

Bild 6.5. Elektronenstrahlröhre

6.1) für die zu messende Spannung. Seine maximale Verstärkung ist üblicherweise so ausgelegt, daß für 1 cm Vertikalablenkung eine Meßspannung von 1 bis 10 mV, bei speziellen Geräten bis hinab zu 100 oder 10 μV ausreicht. Zur freizügigen Anpassung an die im Einzelfall verfügbare Meßspannung dienen Stufenabschwächer mit geeichten Empfindlichkeiten. Geeichte Abschwächer und Verstärker ermöglichen die direkte Spannungsmessung durch Ablesung auf dem Bildschirm mit einer Genauigkeit der Größenordnung Prozent. Meistens ist ein zusätzlicher stetiger Abschwächer vorhanden, der die Einstellung einer beliebigen (nicht geeichten) Bildhöhe gestattet.

Verstärker moderner Oszilloskopen sind fast ausnahmslos Gleichspannungsverstärker. Oft wünscht man jedoch von einer Meßgröße lediglich die Wechselspannungsanteile zu messen und einen Gleichspannungsanteil zu unterdrücken (AC-Kopplung). Dazu kann am Geräteeingang ein Kondensator in Serie geschaltet werden, welcher außer Gleichspannungen auch sehr niederfrequente Wechselspannungen eliminiert. Die dabei entstehende untere Grenzfrequenz f_u ist wiederum definiert durch einen Verstärkungsfehler von $1/\sqrt{2}$. Sie wird in der Regel in die Größenordnung von 1 Hz gelegt, damit die häufig vorkommende Frequenz von 50 Hz weder in Amplitude noch Phase spürbar verfälscht wird.

Die Eingangsklemmen elektronischer Meßgeräte sind, wie schon in Abschn. 6.1 ausgeführt, im allgemeinen so ausgelegt, daß sie das zu messende Objekt, wenigstens im Bereiche bescheidener Frequenzen, nur sehr wenig belasten. Man kennzeichnet die Eingangsimpedanz eines Oszilloskopen durch ein Ersatzschema, bestehend aus dem Innenwiderstand R_i und der dazu paralellen Eingangskapazität C_i. Übliche Größenordnungen: $R_i \approx 1$ MΩ, $C_i \approx 50$ pF. Der kapazitive Anteil Z_C der Eingangsimpedanz ist bei kleinen Frequenzen belanglos (z.B. $C_i = 50$ pF bei einer Frequenz von 1 kHz entspricht $Z_C \approx 3$ MΩ). Im Bereiche höherer Frequenzen stellt jedoch die kapazitive Impedanz eine erhebliche Belastung dar (z.B. 50 pF, 3 MHz entspricht $Z_C \approx 1$ kΩ). Auch das Meßkabel verursacht eine weitere kapazitive Belastung parallel zu C_i. Um die Eingangskapazität zu verkleinern, wendet man spezielle Spannungsteilerschaltungen (Sonden) an, welche die kapazitive Belastung des Meßpunktes mildern, allerdings gleichzeitig die Eingangsempfindlichkeit reduzieren. Man gelangt auf diese Weise bei Verwendung von Meßkabeln bis zu einigen Metern Länge und unter Inkaufnahme einer Verstärkungsreduktion von 1 : 10 zu Eingangskapazitäten C_{si} am Kopf der Sonde von etwa 10 pF. Bei einer Abschwächung 1 : 100 lassen sich 1 bis 3 pF erreichen.

Die Sonde stellt zusammen mit der Eingangsersatzschaltung sowohl einen ohmschen als auch einen kapazitiven Spannungsteiler dar. Er ist mittels der im Meßkopf eingebauten variablen Kapazität auf gleiches ohmsches und kapazitives Teilerverhältnis einzustellen, was Frequenzunabhängigkeit des gesamten Spannungsteilers bedeutet. Die richtige Einstellung kann auf sehr einfache Weise vorgenommen werden, indem man das Abbild einer rechteckförmigen Eingangsspannung kontrolliert (Bild 6.6).

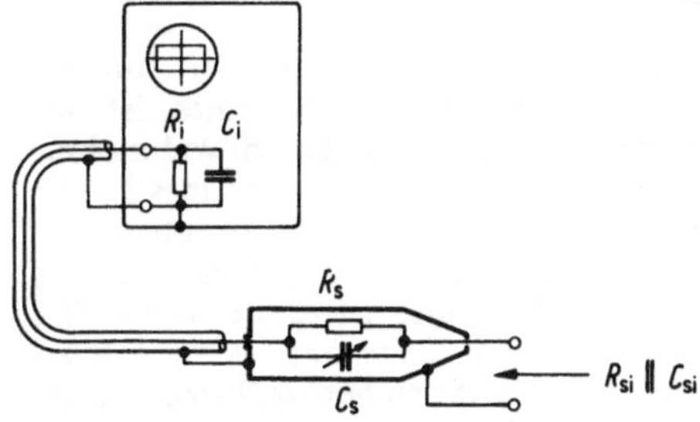

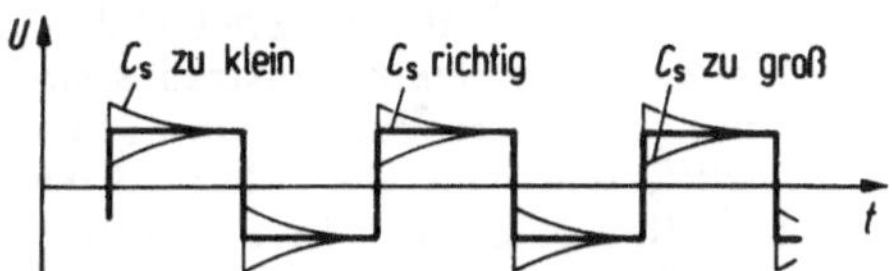

Bild 6.6. Spannungsteilersonde und Sondenabgleich

6.2.4 Mehrstrahloszilloskopen Speicheroszilloskopen

Wünscht man die gleichzeitige Darstellung von zwei oder mehr Meßgrößen auf dem Bildschirm, so sind Mehrstrahloszilloskopen erforderlich.

Der Einbau von zwei Strahlsystemen in die gleiche Röhre ist bei gewissen Geräten verwirklicht und gestattet die Erzeugung zweier unabhängiger Darstellungen auf dem gleichen Schirm. Dazu ist für die beiden Ablenkplattenpaare jedes Strahls je ein Meßverstärker und eine Zeitablenkung erforderlich. Wünscht man für beide Strahlsysteme eine gemeinsame Zeitachse, wie das meist der Fall ist, so genügt eine einzige Ablenkeinheit.

Im Gegensatz zu den erwähnten echten Zwei- oder Mehrstrahlgeräten, welche in der gleichen Röhre die entsprechende Anzahl von Strahlsystemen enthalten, stehen die heute vorwiegend verwendeten unechten Mehrstrahlgeräte mit gewöhnlicher Einstrahlröhre.

Ihre Wirkungsweise beruht darauf, daß mehrere Meßgrößen (Signaleingänge oder Kanäle) durch interne Umschaltung im Oszilloskopen zeitlich nacheinander abgebildet werden, und zwar entweder jedes Signal einen ganzen Strahldurchlauf („alternate“) oder in schneller Folge von jedem Signal kurze Ausschnitte („chopped“). Damit die zeitliche Relation der abzubildenden Signale korrekt erhalten bleibt, muß dafür gesorgt werden, daß nur ein Signal zur Triggerung verwendet wird (externe Triggerung oder Kanalwahl bei interner Triggerung).

Das normale Nachleuchten der fluoreszierenden Schicht des Bildschirmes ist im allgemeinen für das Auge kaum wahrnehmbar. Spezialausführungen des Schirmes haben längere Nachleuchtdauern bis zu etwa 1 s. Für die zusammenhängende Wahrnehmung sehr langsamer Vorgänge ist es oft notwendig, das Bild über einen Zeitraum bis zu 1 h zu speichern. In den Speicheroszilloskopen ist die fluoreszierende Schicht derart aufgebaut, daß jeder Punkt des Schirmes zwei stabile Zustände aufweist. Der Elektronenstrahl steuert die von ihm berührten Punkte von „dunkel“ auf „hell“, und erst die Abschaltung einer internen Hilfsspannung läßt die Punkte wieder in den Zustand „dunkel“ zurückkippen. Auf diese Weise kann die Aufzeichnung während einer individuell bestimmbaren Zeit aufrecht erhalten und dann gelöscht werden.

Neben dieser „analogen“ Variante werden in zunehmendem Maße, insbesondere für relativ langsame Vorgänge (bis einige hundert Kilohertz), auch digitale Speicherverfahren verwendet. Die zu speichernde Spannung wird in regelmäßigen Abständen Δt abgetastet, in einem Analog-Digital-Wandler in einen Zahlenwert umgeformt und sukzessive in einen elektronischen Speicher eingeschrieben. Bei n zur Verfügung stehenden Speicherplätzen wird damit ein zeitlicher Ausschnitt der Länge $T_W = n \Delta t$ abgespeichert.

Die Elemente des Speichers werden, weitgehend unabhängig von der Geschwindigkeit des Einlesens, wieder abgefragt, rückgewandelt und als quasi-kontinuierlicher Kurvenzug auf dem Bildschirm dargestellt.

6.3 Elektronische anzeigende Geräte

Einer der großen Vorteile elektronischer Geräte ist die sehr große Eingangsimpedanz des Verstärkers und die damit verbundene sehr geringe Belastung des Meßobjektes. Daneben ermöglichen die modernen Bauelemente der Halbleitertechnik auf kleinstem Raum die Durchführung komplexer mathematischer Operationen, so daß auch von dieser Seite her viele Gründe für den Einsatz auf dem Meßsektor sprechen. Einen gewissen Nachteil bringt die Notwendigkeit einer Hilfsspannung (Netzteil oder Batterie), die für alle diese Geräte notwendig ist.

Der naheliegendste Lösungsweg ist die Kombination eines konventionellen Vielfachinstrumentes mit einem relativ einfachen Gleichspannungsverstärker. Dieses Geräte ist unter dem Namen *Transistorvoltmeter* (TVM) oder FET-Voltmeter (FET: Feldeffekttransistir) weit verbreitet. Genau wie beim konventionellen Vielfachinstrument ist allerdings auch beim Transistorvoltmeter bei der Messung von Wechselspannung der Einfluß der Kurvenform auf die Anzeige zu beachten. Diesen Nachteil weisen Voltmeter für *echte Effektivwertmessung* (True RMS) nicht auf. Bei diesen Geräten wird zusätzlich eine Quadrierung (elektronisch mit einem Multiplikator oder elektrisch mit einem elektrodynamischen oder thermischen Instrument) vorgenommen.

6.4 Digitale Signalverarbeitung

Von der bisher implizit angenommenen analogen (kontinuierlichen) Signalverarbeitung unterscheidet sich die digitale Signalverarbeitung durch folgende Punkte:

– *Zeitquantisierung:* Eine Information über den Wert des Signals steht nicht mehr dauernd zur Verfügung, sondern nur zu diskreten Zeitpunkten (zeitliche Quantisierung). In den weitaus meisten Fällen geschieht die Werterfassung (Abtastung, „sample“) in zeitlich äquidistanten Schritten im Abstand Δt, bzw. mit einer Abtastfrequenz $f_s = 1/\Delta t$. Die Abtastfrequenz muß, für eine korrekte Wiedergabe des momentanen Verlaufes, mindestens doppelt so groß sein als die höchste im Signal auftretende Frequenz. Eventuell muß bei begrenzter Abtastfrequenz das zu quantisierende Signal zuerst in einem Tiefpaßfilter bandbegrenzt werden („Anti-Aliasing"-Filter).

– *Amplitudenquantisierung:* Auch für die Darstellung des Signalwertes steht nicht mehr die theoretisch unbegrenzte Auflösung des Analogsignals, sondern nur eine endliche Anzahl Ziffern zur Verfügung. Die meisten Analog-Digital-Wandler geben als Ergebnis der Konversion eine Binärzahl mit n Stellen („Bit") ab. Damit wird die gesamte analoge Meßspanne U_a in 2^n Quanten unterteilt. Ein Quant entspricht der Änderung des kleinstwertigen Bit (Least Significant Bit: LSB) und ist gleich $U_a/2^n$. Übliche Werte für n liegen zwischen 8 Bit (256 Quanten) und 12 Bit (4096 Quanten). Diese Amplitudenquantisierung bringt einen systematischen Fehler in die digitale Signalverarbeitung, welcher nicht mehr behebbar ist.

6.4.1 AD-Wandler für Momentanwertquantisierung

Die zwei wichtigsten Verfahren zur Digitalisierung werden im folgenden kurz beschrieben.

Rampenwandler

Das Blockschema des häufig verwendeten Rampen-AD-Wandlers ist in Bild 6.7 dargestellt.

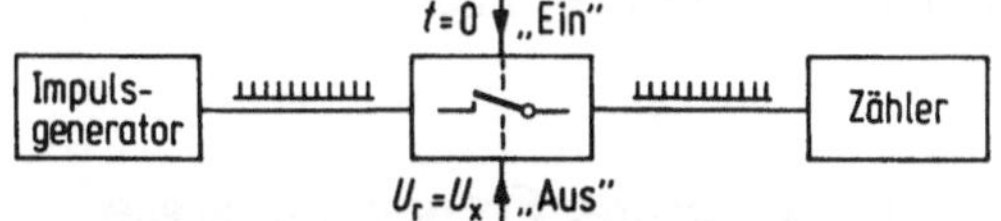

Bild 6.7. Blockschema des Rampen-AD-Wandlers

Die Funktionsweise wird anhand von Bild 6.8 erläutert. Zur Zeit $t = 0$ wird eine mit der Zeit linear ansteigende Spannung $U_r = at$ erzeugt, welche zur Zeit $t = t_0$ gleich der unbekannten Spannung U_x wird:

$$U_x = a t_0.$$

Damit ist t_0 ein Maß (bei bekanntem a) für u_x · t_0 kann nun auf relativ einfache Art bestimmt werden: Von einem Impulsgenerator wird eine dauernde Impulsfolge im Abstand Δt erzeugt, welche über den Schalter S an einen Zähler gelegt werden kann. Der Schalter S wird nun von der Referenzspannung so gesteuert, daß er bei $t = 0$ einschaltet (d.h. die Impulse an den Zähler gelangen läßt) und bei $t = t_0$ wieder abschaltet. Der Zähler hat dann

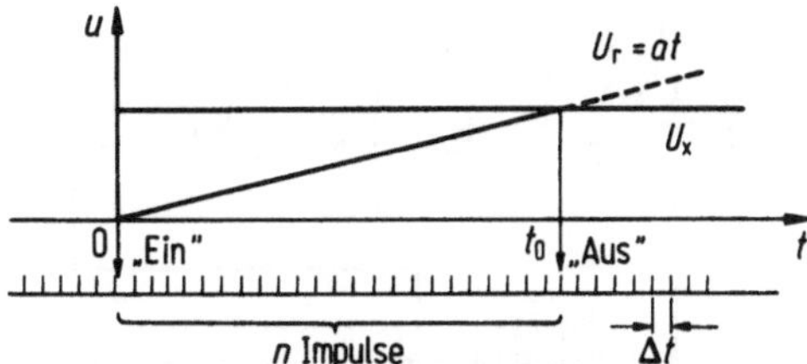

Bild 6.8. Signale beim Rampen-AD-Wandler

n Impulse gezählt. n (ganzzahlig) ist dann ein Maß für U_x, d.h. $U_x \approx n\, a\, \Delta t$. Daraus ist sofort ersichtlich, daß die beste Auflösung, die erzielt werden kann, einem Zählimpuls entspricht, d.h. die Auflösung ist $a\, \Delta t$. Die Messung selbst ist im besten Falle auf $\pm\, a\, \Delta t$ genau.

Anschließend wird der Zählerinhalt so umkodiert, daß die gewünschte Darstellung (Binärzahl, BCD-Zahl) am Ausgang erscheint.

„Successive Approximation Converter"

Eine Möglichkeit der direkten Kodierung bietet der Wandler nach dem Verfahren der sukzessiven Approximation. Bei diesem Wandlertyp wird der Ausgang stufenweise an den Endwert wie folgt herangeführt: Ist der Wert größer als der halbe Meßbereich, so erhält das meistwertige Bit (Most Significant Bit, MSB) eine 1, ansonsten eine 0. Anschließend wird der verbleibende (halbe) Meßbereich wiederum halbiert, in der oberen Hälfte enthält Bit 2 eine 1, in der unteren Hälfte eine 0 und so fort, bis die gewünschte Auflösung erzielt ist.

6.4.2 Wandler für Mittelwertbestimmung (Digitalvoltmeter)

Das Prinzip eines integrierenden AD-Wandlers, der für Mittelwertmessungen eingesetzt wird, ist in Bild 6.9 dargestellt. Während einer ersten Meßperiode t_1 (z.B. 20 ms) wird U_x integriert:

$$U_{x1} = k \int_0^{t_1} U_x \, dt$$

Diese integrierte Spannung wird dann im Prinzip mit einem konventionellen Rampenwandler, der von U_{x1} auf den Wert 0 geht, bestimmt (Zeitintervall t_1 bis t_2). Dies kann durch eine Umschaltung der Eingangsspannung von U_x auf U_{ref} im gleichen Integrator geschehen.

Für $t = t_2$ gilt

$$k \int_0^{t_1} U_x \, dt = k\, U_{ref} (t_2 - t_1) = k\, U_{ref}\, \Delta t \cdot n.$$

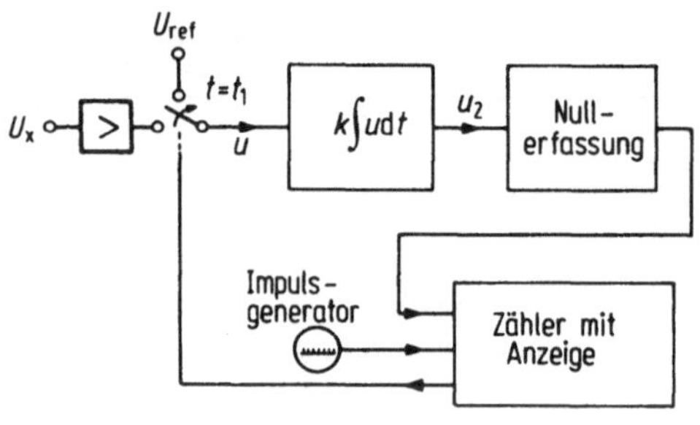

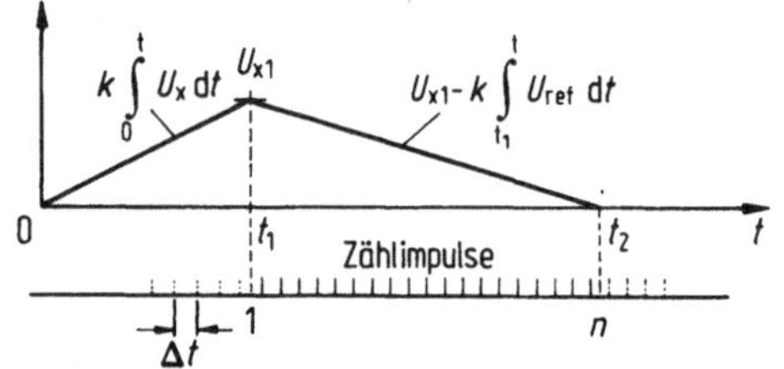

Bild 6.9. Doppelrampen-AD-Wandler

Der gesuchte Mittelwert von U_x ist

$$\bar{U}_x=\frac{1}{t_1}\int_0^t U_x \mathrm{d}t=U_{ref}\frac{\Delta t}{t_1}\cdot n,$$

also

$$\bar{U}_x \sim n.$$

Damit mißt diese Struktur tatsächlich den linearen Mittelwert der anliegenden Spannung.

Dieser Wandlertyp wird in den käuflichen Digitalvoltmetern (DVM) eingesetzt, welche heute in einem sehr breiten Auflösungsspektrum angeboten werden, wobei leider oft mehr Stellen angezeigt werden, als der Präzision des Gerätes tatsächlich entspricht. Für übliche Messungen reichen in der Regel Geräte mit 3 bis 3 1/2 Stellen (1/2 Stelle: Ziffer 0 oder 1, ganze Stelle: Ziffern 0 bis 9). Für Präzisionsmessungen stehen Nullpunktselbstabgleichende und automatisch bereichswählende Geräte mit bis zu 8 Stellen zur Verfügung. Die Eingangswiderstände liegen in der Größenordnung 1 MΩ bis 1 GΩ.

6.4.3 Digital-Analog-Wandler

Im Anschluß an die eigentliche digitale Signalverarbeitung, z.B. in einem Mikrorechner, stellt sich oft das Problem, das Ergebnis wieder in eine naturgemäße Analogdarstellung zurückzuverwandeln. Dies geschieht in Digital-Analog-Wandlern, welche meist nach dem Prinzip der Strom- oder Spannungsaddition arbeiten.

Dabei wird dem MSB ein bestimmter Wert (z.B. 1 mA) zugeordnet, dem Bit 2 entsprechend der halbe Wert (also z.B. 0,5 mA), dem Bit 3 der Wert 1/4 usw. Je nachdem, ob das entsprechende Bit 0 oder 1 ist, werden die zugehörigen Werte addiert, so daß am Ausgang die Summe der einzelnen Werte erscheint.

Die Ausführung dieser Schaltungen wird bei hohen Bitzahlen relativ heikel, ist aber heute technologisch (auch als integrierte Schaltung) gut beherrscht.

6.5 Zähler und Frequenzmessung

Elektronische Zähler sind Geräte, mit denen die Anzahl von Ereignissen, soweit sie in Form elektrischer Impulse darstellbar sind, gezählt werden können.

Da damit von vornherein die zu messende Größe quantisiert ist, wird die Anzeige immer digital vorgenommen. Hauptanwendungsgebiet der Zähler in der Meßtechnik ist die Frequenzmessung bei periodischen Signalen. Sie geschieht in einfachster Weise dadurch, daß ausgezählt wird, wie oft ein bestimmter Wert des periodischen Signals (z.B. Nulldurchgang mit postiv ansteigender Flanke) während eines genau definierten Zeitintervalls auftritt. Die Genauigkeit der Frequenzmesser hängt in engem Maße mit der Genauigkeit des Zeitnormals zusammen und beträgt bei Präzisionsausführung bis zu 10^{-7} oder 10^{-8}.

7 Experimentelle Frequenzanalyse

Ziel der experimentellen Frequenzanalyse ist die Zerlegung eines Signals in die einfacher zu handhabenden sinusförmigen Komponenten, mit welchen eine allgemeine Funktion nachgebildet werden kann. Mathematisch muß zwar im allgemeinen streng zwischen periodischen und nichtperiodischen Vorgängen unterschieden werden, wobei dieser Unterschied experimentell mit Rücksicht auf die realisierbaren Meßverfahren allerdings nicht relevant ist.

Für periodische Vorgänge $f(t)$ gilt

$$f(t)=f_0+\sum_{n=1}^{\infty} A_n \cos n\,\omega_1 t+\sum_{n=1}^{\infty} B_n \sin n\,\omega_1 t \quad (1a)$$

$$=f_0+\sum_{n=1}^{\infty} C_n \cos(n\,\omega_1 t+\varphi_n) \quad (1b)$$

Darin ist ω_1 die Grundkreisfrequenz $2\pi/T_1 = 2\pi f_1$ der periodischen Funktion $f(t)$ mit der

Periode T_1 bzw. der Grundfrequenz f_1. Die Komponenten A_n und B_n bzw. C_n und φ_n bestimmen sich aus der Transformationsgleichung

$$A_n = \frac{2}{T_1} \int_0^{T_1} f(t) \cos n\omega_1 t \, dt, \tag{2a}$$

$$B_n = \frac{1}{T_1} \int_0^{T_1} f(t) \sin n\omega_1 t \, dt, \tag{2b}$$

$$C_n = \sqrt{A_n^2 + B_n^2}, \quad \varphi_n = \arctan \frac{B_n}{A_n}. \tag{2c}$$

F_0 ist der lineare Mittelwert, d.h. das Gleichstromglied

$$F_0 = \frac{1}{T_1} \int_0^{T_1} f(t) \, dt.$$

In den meisten Fällen liegt nun aber $f(t)$ nicht in analytischer Form, sondern als analoges Meßsignal vor, wobei von diesem Signal die Fourier-Zerlegung gewünscht wird. Es müssen also Meßgeräte verwendet werden, welche die Transformation Zeitfunktion → Fourier-Komponenten („Spektrum") vornehmen. Hierzu bieten sich zwei grundsätzliche Methoden an:

- im Frequenzbereich: Ausblenden aller Frequenzen bis auf eine Frequenz f_n, Messung der Amplitude oder des Effektivwertes des dann noch verbleibenden sinusförmigen Signals (Filterung);
- im Zeitbereich: direkte Anwendung der Gleichung (2).

7.1 Analyse im Frequenzbereich (Filterverfahren)

Das Grundprinzip aller Filterverfahren ist in Bild 7.1 dargestellt. Vom zu messenden Spektrum werden alle Frequenzen bis auf ein schmales Band Δf um die zu analysierende Frequenz f_n mit einem Filter ausgeblendet. Die

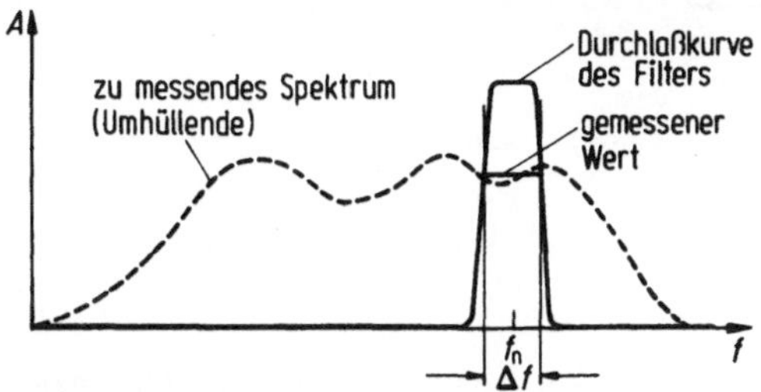

Bild 7.1. Prinzip des Filterverfahrens zur Frequenzanalyse

dann noch verbleibende Restspannung wird gemessen und als Effektivwert von C_n der Frequenz f_n zugeordnet.

Dieses Verfahren läßt sich auch anders interpretieren: Grundsätzlich muß die im Frequenzband Δf enthaltene Leistung, bezogen auf 1 Ω, gemessen werden. Diese kann als Leistung einer sinusförmigen Größe der Frequenz f_n betrachtet werden, und entsprechend wird der Effektivwert der Komponente C_n durch Radizierung erhalten. Eine andere Möglichkeit besteht darin, die gemessene bezogene Leistung durch die Filterbreite Δf zu dividieren und als Leistungsdichte (z.B. V^2/Hz) der Frequenz f_n zuzuordnen; dies ist allerdings nur bei kontinuierlichen Spektren und nicht bei diskreten Linienspektren sinnvoll.

Mit diesen Überlegungen lassen sich nun die Anforderungen an das Filter formulieren:

- Die Filterbreite Δf soll möglichst klein sein, damit tatsächlich nur die Leistung einer einzigen Frequenzlinie erfaßt wird.
- Die Filterflanken müssen aus dem gleichen Grund möglichst steil sein, damit Beiträge benachbarter Frequenzen möglichst stark gedämpft werden.
- Im Durchlaßbereich soll die Filtercharakteristik möglichst flach sein, damit die ganze Filterbreite Δf gleich gewichtet wird.

Diese Bedingungen lassen sich in ihrer Gesamtheit praktisch nur mit Quarzfiltern und damit bei relativ hohen Frequenzen (ab ca. 50 kHz) genügend gut erfüllen, mit klassischen Filtern nur angenähert und lediglich für eine gegebene Frequenz f_n.

Damit sind folgende Verfahren denkbar:

- man verwendet ein fix abgestimmtes Filter und bringt durch Kunstgriffe das zu analysierende Frequenzband ($1f_1 \ldots nf_1$) in den Durchlaßbereich des Filters,
- man verwendet verschiedene Filter, welche auf entsprechend unterschiedliche Mittelfrequenzen abgestimmt sind.

Diese verschiedenen Prinzipien sollen nachfolgend anhand ihrer Blockschemata und der zugehörigen Darstellung im Frequenzbereich erläutert werden.

Parallelanalysator

Das Blockschaltbild des Parallelanalysators ist in Bild 7.2a angegeben: Das zu analysierende Signal $f(t)$ wird simultan einer ganzen Anzahl fest abgestimmter Filter (Mittelfrequenzen f_1, f_2, ... f_n) zugeführt und am Ausgang jedes

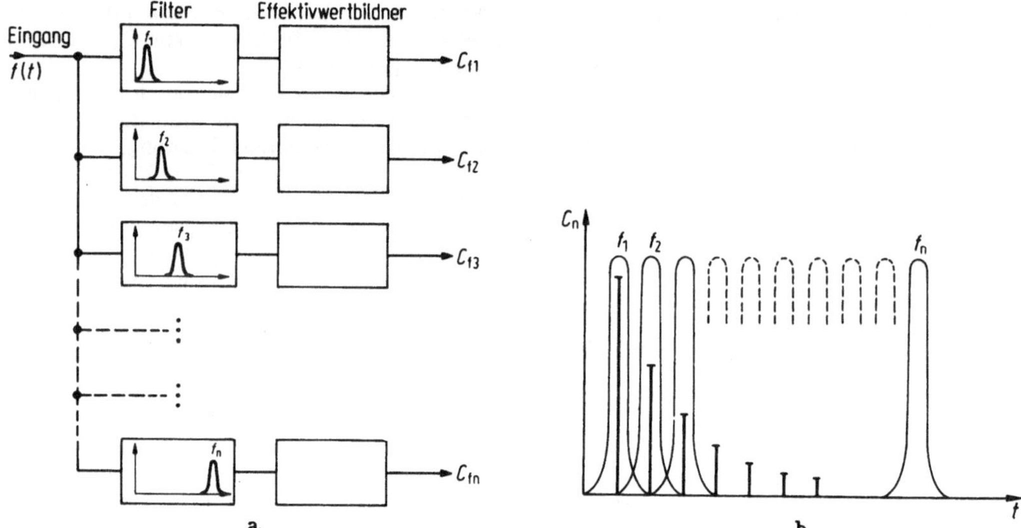

Bild 7.2. Parallelanalysator.
a) Blockschaltbild; b) Darstellung des Analyseprinzips mit n parallelen Filtern im Frequenzbereich. $C_{f1} \ldots C_{fn}$ Amplitude der Oberwellen der Frequenz $f_1 \ldots f_n$

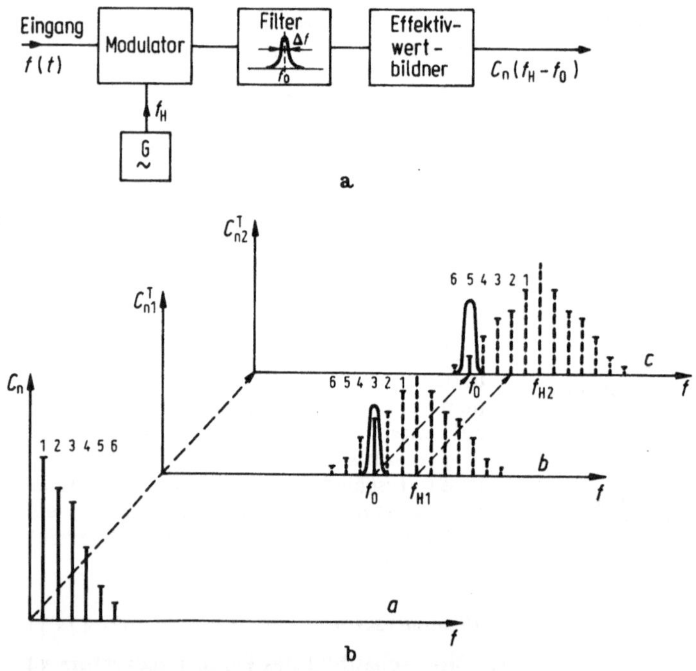

Bild 7.3. Durchlaufanalysator.
a) Blockschaltbild; b) Darstellung im Frequenzbereich mit den Frequenzachsen des Originalsignals C_n(a) und den mit zwei verschiedenen Hilfsfrequenzen f_{H1} und f_{H2} (Frequenzachsen b und c) in den Durchlaßbereich f_0 des Filters transponierten Originalfrequenzen 3 bzw. 5

dieser Filter der Effektivwert, der dann die Frequenzlinie $C(fn)$ gibt, gemessen.

In Bild 7.2b ist dieses Verfahren im Frequenzbereich dargestellt: Das ganze zu analysierende Spektrum muß im Idealfall lückenlos, mit möglichst steilflankigen Filtern (hier ein Filter pro zu erwartende Oberschwingung) abgedeckt werden. Sein Hauptanwendungsbereich liegt in der Akustik, da dort die Filterabstände nicht konstant sind, sondern proportional zur Mittelfrequenz (Oktave, Terz usw.) variieren, womit ein breites Frequenzband mit vertretbarem Aufwand überdeckt werden kann.

Durchlaufanalysator

Dem Durchlaufanalysator liegt das Prinzip zugrunde, daß nur e i n fest abgestimmtes Filter der Mittelfrequenz verwendet wird, in dessen Durchlaßbereich das zu analysierende Spektrum sukzessive transportiert wird, wie im Bild 7.3a angegeben ist.

Die Transposition geschieht in einem Modulator, in welchem das zu analysierende Signal $f(t)$ mit einem Hilfssignal (Trägersignal) der Frequenz f_H multipliziert wird. Gemäß den Gesetzen der Modulationstheorie entsteht dann, z.B. bei einem sinusförmigen Hilfssignal, ein transponiertes Spektrum, das als Frequenzen die Summe $(f_H + f_n)$ und die Differenz $(f_H - f_n)$ von Trägerfrequenz und Originalsignal $f(t)$ enthält. Durch Variation von f_H kann damit, wie in Bild 7.3b für zwei Fälle angegeben ist, jede Frequenzlinie des Grundsignals sukzessive auf eine transponierte Frequenz, entsprechend der Mittelfrequenz f_0 des Filters, gebracht und somit gemessen werden.

„Real-Time-Analyzer"

Eng verwandt mit dem Durchlaufanalysator ist der „Real-Time-Analyzer", der die Analyse niederfrequenter Signale in wesentlich kürzerer Zeit durchführen kann. Das zu analysierende Signal $f(t)$ wird im Ablauf um den Faktor k beschleunigt. Dies geschieht bei ausgeführten Geräten durch Speicherung und beschleunigte Wiedergabe eines Abschnittes (einige Perioden) des Signals. Dadurch wird die Periode auf T_1/k erniedrigt, die Frequenz f_1 auf kf_1 vergrößert (Übergang von a nach b

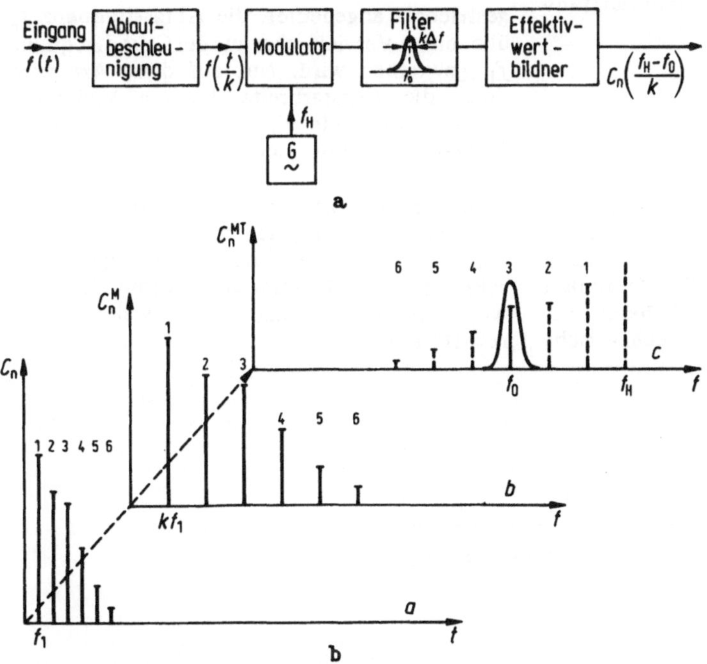

Bild 7.4. „Real-Time-Analysator".
a) Blockschaltung; b) Darstellung der Funktionsweise mit den Frequenzachsen des Originalsignals C_n(a), des um den Faktor k beschleunigten Signals b und des mit einer Hilfsfrequenz f_H in den Durchlaßbereich des Filters (f_0) transponierten Signals c

in Bild 7.4). An diese Frequenzmultiplikation schließt sich nun z.B. eine Durchlaufanalyse (s. oben) an, die bei gleicher Auflösung eine um k kleinere Meßzeit benötigt.

Dieses vielversprechende Prinzip, welches die Einfachheit des Durchlaufanalysators mit starker Reduktion der Meßzeit verbindet, wurde erst durch den Einsatz der modernen digitalen Speichertechnik sinnvoll ermöglicht: Das zu analysierende Signal wird über eine bestimmte Zeit abgetastet und digital gespeichert. Diese gespeicherten Werte werden dann wesentlich schneller wieder in eine analoge Wertfolge zurückverwandelt. Die Analyse kann mit einem fest abgestimmten Filter entweder durch Variation der Rückwandlungsgeschwindigkeit (Variation des Faktors k) oder, bei konstanter Rückwandlungsgeschwindigkeit, mit einem konventionellen Durchlaufanalysator (Bild 7.4b, Frequenzachse c) vorgenommen werden. Die Möglichkeiten der heutigen Digitaltechnik und Analog-Digital-Wandlung sind dabei derart, daß die Meßzeit praktisch nur durch das Einlesen des Originalsignals in den Speicher gegeben ist. Häufig wird jedoch auch anschließend an die Speicherung mit einem festprogrammierten Digitalrechner eine schnelle Fouriertransformation (s. 7.2) durchgeführt.

7.2 Analyse im Zeitbereich

Wie oben ausgeführt, wird bei der Analyse im Zeitbereich direkt die mathematische Fourier-Zerlegung gemäß den Gleichungen (2a) und (2b) durchgeführt. Ein Optimum an Flexibilität und Einsatzmöglichkeit bietet der computerunterstützte rechnerische Analysator, bei dem der sog. Fourier-Processor die mathematische Fourier-Analyse übernimmt.

Das Prinzip ist in Bild 7.5 dargestellt. Das zu analysierende Signal $f(t)$ wird zuerst in einem Analog-Digital-Wandler mit einer gegebenen Abtastfrequenz f_s während einer gegebenen Zeit T_W („Fensterzeit") abgetastet, diese Werte werden gespeichert. Aus diesen Stützwerten werden dann mit Hilfe der diskreten Fourier-Transformation N Koeffizienten A_n und B_n im Fourier-Processor mit einem adäquaten Rechenprogramm (gewöhnlich wird eine schnelle Fourier-Transformation, Fast Fourier Transform FFT, mit minimalem Rechenaufwand verwendet) bestimmt.

Aus der Struktur des Verfahrens und der zur Verfügung stehenden Rechenprogramme ergibt sich ein prinzipielles Problem: Die Grundperiode in der Analyse wird nicht vom Signal, sondern von der Fensterbreite T_W, also der Länge des abgespeicherten Signalsegmentes bestimmt, desgleichen der Frequenzschritt, der der Analysebreite Δf im Filterverfahren entspricht. Diese erzwungene Periodizität des Signals kann zu sehr großen Fehlern führen, falls nicht, wie in Bild 7.5 gestrichelt angedeutet, die Abtastfrequenz f_s über einen Vervielfacher aus der Grundfrequenz f_1 gewonnen wird. Nur auf diese Art wird auch die Fensterbreite T_W ein Vielfaches der Grundperiode T_1. Bei nichtperiodischen Vorgängen ergibt sich diese Notwendigkeit natürlich nicht.

Der Hauptvorteil dieses aufwendigen Verfahrens liegt darin, daß die analysierten Signale mit entsprechenden Benützerprogrammen sehr einfach weiterverarbeitet werden können, was seine Anwendung in sehr vielen Fällen rechtfertigt.

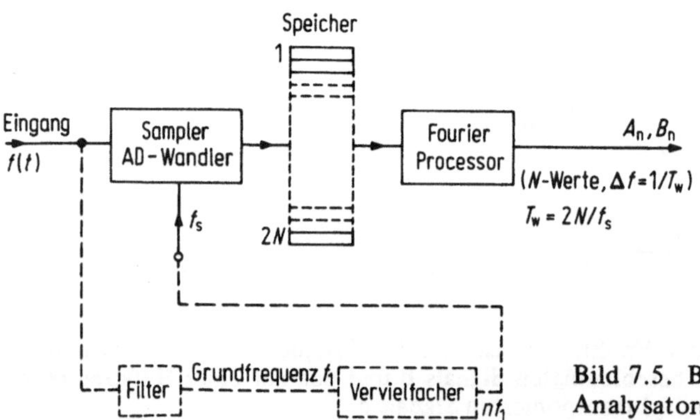

Bild 7.5. Blockschaltbild eines rechnenden Analysators

7.3 Korrelationsanalyse

Die Korrelationsanalyse, d.h. die experimentelle Bestimmung von

$$\varphi(\tau)=\frac{1}{T}\int_{i}^{T_i} f(t)f(t+\tau)\,\mathrm{d}t,$$

wird bei modernen Geräten meistens auch auf digitalem Wege durchgeführt, entweder durch direkte Anwendung der Rechenvorschrift auf die abgetasteten Werte oder durch Anwendung der inversen Fourier-Transformation auf das aus dem digital .gewonnenen Spektrum hergeleiteten Leistungsdichtespektrum.

Literatur

Grundlagen

Küpfmüller, K.: Einführung in die theoretische Elektrotechnik. 10. Aufl. Berlin, Heidelberg, New York: Springer 1973.

Grave, H.F.: Grundlagen der Elektrotechnik, 2 Bde. Frankfurt/Main: Akad. Verl. Ges. 1971.

Moeller/Fricke/Frohne/Vaske: Grundlagen der Elektrotechnik. 16. Aufl. Stuttgart: Teubner 1976.

Linse, H.: Elektrotechnik für Maschinenbauer. 5. Aufl. Stuttgart: Teubner 1976.

Energietechnik

Anlagen

Happoldt/Oeding: Elektrische Kraftwerke und Netze. 5. Aufl. Berlin, Heidelberg, New York: Springer 1978.

Schaefer, H.: Elektrische Kraftwerkstechnik. Berlin, Heidelberg, New York: Springer 1978.

Gesetzliche Vorschriften, Richtlinien, Empfehlungen usw. (z.B. VDE, OeEV, SEV)

Leistungselektronik

Heumann/Stumpe: Thyristoren, Eigenschaften und Anwendungen. 3. Aufl. Stuttgart: Teubner 1974.

Hartel, W.: Stromrichterschaltungen. Berlin, Heidelberg, New York: Springer 1977.

„Silizium-Gleichrichter-Handbuch“ und „Silizium-Stromrichter-Handbuch“. Baden (Schweiz): AG Brown, Boveri & Cie.

Antriebstechnik

Keve/Roeloffzen: Baustein elektrische Maschine. Stuttgart: Berliner Union 1978.

Vogel, J.: Grundlagen der elektrischen Antriebstechnik mit Berechnungsbeispielen. Berlin: Verlag Technik 1977.

Bederke/Ptassek u.a.: Elektrische Antriebe und Steuerungen. 2. Aufl. Stuttgart: Teubner 1975.

Fischer, R.: Elektrische Maschinen. 2. Aufl. München: Hanser 1977.

Späth, H.: Elektrische Maschinen. Berlin, Heidelberg, New York: Springer 1973.

Lehmann/Geisweid: Elektrotechnik und elektrische Antriebe. 7. Aufl. Berlin, Heidelberg, New York: Springer 1973.

Elektronik

Tietze/Schenk: Halbleiter-Schaltungstechnik. 4. Aufl. Berlin, Heidelberg, New York: Springer 1978.

Millmann/Halkias: Integrated Electronics: Analog and Digital Circuits and Systems McGraw Hill Student Edition 1972

Wickes, W.: Logic Design with integrated circuits. New York: Wiley & Sons 1968.

Shah/Saglini/Weber: Integrierte Schaltungen in digitalen Systemen, Band 1, Basel Stuttgart: Birkhäuser 1977

Meßtechnik

Neumann, H.: Das Messen mit elektrischen Geräten. Berlin, Heidelberg, New York: Springer 1960.

Pflier/Jahn/Jentsch: Elektrische Meßgeräte und Meßverfahren. 4. Aufl. Berlin, Heidelberg, New York: Springer 1978.

Borucki/Dittmann: Digitale Meßtechnik. 2. Aufl. Berlin, Heidelberg, New York: Springer 1971.

Hart, H.: Einführung in die Meßtechnik. Berlin: Verlag Technik 1977.

Profos, P.: Handbuch der industriellen Meßtechnik. Essen: Vulkan-Verlag 1978.

Oliver/Cage: Electronic Measurements and Instrumentation. New York: McGraw-Hill 1971.

Firmenschriften der Meßgerätehersteller.

Sachverzeichnis